粤港澳大湾区建设技术手册系列丛书

粤港澳大湾区建设工匠安全手册

主　编：张一莉　乐杰强

中国建筑工业出版社

图书在版编目（CIP）数据

粤港澳大湾区建设工匠安全手册 / 张一莉，乐志强主编．—北京：中国建筑工业出版社，2020. 4
（粤港澳大湾区建设技术手册系列丛书）
ISBN 978-7-112-24923-7

Ⅰ. ①粤⋯ Ⅱ. ①张⋯ ②乐⋯ Ⅲ. ①建筑工程—工程施工—安全技术—广东、香港、澳门—手册 Ⅳ. ① TU74-62

中国版本图书馆 CIP 数据核字（2020）第 038506 号

责任编辑：费海玲 张幼平
责任校对：李欣慰

粤港澳大湾区建设技术手册系列丛书
粤港澳大湾区建设工匠安全手册
主 编：张一莉 乐志强
*
中国建筑工业出版社出版、发行（北京海淀三里河路9号）
各地新华书店、建筑书店经销
北京建筑工业印刷厂制版
广州市一丰印刷有限公司印刷
*
开本：880×1230毫米 1/32 印张：$6\frac{3}{8}$ 字数：170千字
2020年4月第一版 2020年4月第一次印刷
定价：**48.00**元
ISBN 978-7-112-24923-7
（35641）

《粤港澳大湾区建设工匠安全手册》
编 委 会

编 者 的 话

本书历时三年编制与实践，现在终于和读者见面了。

4G 到 5G，在这个信息技术飞速发展的年代，建设从业人员基础安全教育及技能培训依然是建筑产业可持续发展的关键，是建筑施工安全的最基本体现。本教材的编制遵循通俗易懂的原则，适用于建设从业人员安全教育及技能培训，第一次实现了“书”与“视频教学”的无缝对接，通过互联网及5G架起一座桥梁，以“线上＋线下”相结合的模式，用大家喜闻乐见的“图文＋视频”学习和测试方式，让人人都容易学懂和掌握安全知识，从而提高全员安全意识，是建设从业人员安全教育及技能培训的必备书。同时，本教材推崇的安全教育培训管理体系（智能导向、标准化、可视化、数字化、全过程可追溯），又可成为行业管理的好帮手。

为切实做好建设从业人员基础安全教育及技能提升的培训全面覆盖工作，解决一线从业人员安全意识淡薄、安全知识匮乏、安全教材缺失、安全培训流于形式、培训内容不规范等问题，编者从标准化教材编制入手，同步建立建设从业人员远程教育公共服务平台，在粤港澳大湾区建设率先实现了“一套教材、配套系统、线上线下分类培训、统一考核”的互联网＋实名制安全教育与技能提升培训体系。教材主要涵盖“岗前通用安全常识培训”（七类）、“各工种安全要点及典型事故案例”（八大工种、十一类其他工种）、“危险性较大作业典型事故案例”（十类）等三大系列课程。

全书各章节内容与“视频教学”系统一一关联，提供系列动漫可视化教学、测试与抽查等功能。利用移动终端设备，扫描“书”中各章节二维码，可精准定位到“视频教学”微课堂，从而可灵活地运用碎片化时间进行学习和测试，并动态记录学习效果。通过线上线下结合、智能推送、活体识别、过程追溯等技术，为行业、企业管理人员提供服务。

建设领域安全教育培训管理体系经过了前期“线上微课堂+线下学习检查”的实践，采用纸质学习结合数字化多媒体安全教育立体传播模式，促进从业人员普及安全教育、提高职业技能水平，从而推动安全教育培训工作全面普及，建立立体公共服务体系，打通了“最后一公里”路程。截至目前，大湾区的深圳市已有100万建设从业人员普及了实名制安全教育培训。

随着5G时代的到来，AI、AR、VR、生物识别等技术将进入全面应用，系统从智能识别、智能引导、智能跟踪到综合能力分析，自动判断该工人上岗须具备哪些安全能力并及时预警。大数据可以对学习者进行跟踪服务，采集学习者的线上线下培训数据进行分析，形成立体数据报告，并向人工智能应用发展。在普及实名制安全教育的同时，进一步推动构建建设领域的安全与和谐工作，促进大湾区安全生产与安全管理服务。

习近平总书记在党的十九大报告中提出，“建设知识型、技能型、创新型劳动者大军，弘扬劳模精神和工匠精神，营造劳动光荣的社会风尚和精益求精的敬业风气”，这为新时代建筑产业工人队伍的发展指明了方向。

如果把建筑产业工人集群比作金字塔，“大国工匠”应是金字塔顶端，他们也一定是从金字塔底端培养出来的。因此，做好量大面广的建设从业人员基础教育工作显得尤为重要。经过20年探索与实践，编者认为只有通过建立创新安全教育培训管理模式，夯实基础安全教育，才能从基础建设中不断涌现出“技术工人”“技师”“工匠”“大国工匠”集群。

由于编者水平和能力所限，本书存在不足，甚至有错漏的地方，恳请广大读者多提宝贵意见和建议，以便今后改正和完善。

《粤港澳大湾区建设工匠安全手册》主编

张一莉　乐志强

2020 年 1 月 6 日于深圳

“工地好筑手”APP

微信公众号“工地好筑手”

目　录

编者的话

第一章

一、入场须知

P2

二、安全“三宝”

P6

P8

P10

三、“四口”“五临边”安全防护

P12

四、消防安全知识

P14

五、杜绝“三违”，做到“四不伤害”

P20

六、“宿舍十禁”

P23

七、安全警示标识

P24

第二章

一、杂工（普工） 二、钢筋工 三、木工 四、混凝土工

五、抹灰工 六、架子工 七、电工 八、砌筑工

P28 P33 P39 P44 P48 P52 P57 P62

九、塔吊司机
P66
十、门式起重机司机
P70
十一、吊篮作业工
P74
十二、电梯司机
P80
十三、挖掘机司机
P81
十四、汽车吊司机
P86
十五、土方机械司机
P89
十六、桩机工
P93
十七、电焊工
P97
十八、防水工
P103
十九、司索工
P105
第三章
一、雨季施工
P110
二、地下管线保护
P120
三、起重吊装专项安全
P131
四、起重机械
P138
五、附着式脚手架
P146
六、高支模
P150
七、土石方开挖
P156
八、隧道矿山法
P168
九、盾构施工
P182
十、深基坑
P187

岗前通用安全常识培训

一、入场须知

扫码学习

1. 施工作业人员的权利与义务

1）施工作业人员的权利

（1）劳动合同保障权。

（2）危险和有害因素知情权。

（3）批评、检举、控告和建议权。

（4）拒绝违章指挥、强令冒险作业权。

（5）紧急避险权。

（6）建筑意外伤害赔偿权。

（7）获得符合国家标准或者行业标准劳动保护用品权。

（8）获得安全教育和技能培训权。

2）施工作业人员的义务

（1）严格履行安全生产教育培训、持证上岗的义务。

（2）严格遵守劳动纪律。

（3）及时报告事故隐患和不安全因素的义务。

（4）不伤害他人及不破坏公共利益和环境的义务。

2. 十大不准

（1）不准不戴劳动防护用品的人员进入施工现场。

（2）不准带无关人员进入施工现场。

（3）不准在存放易燃易爆物的地方生火、吸烟等。

（4）不准在缺乏安全措施的高处作业。

（5）不准用手直接提拿灯头、电线移动照明及在高压电源危险区域进行冒险作业。

（6）不准高处抛掷工具及其他物品。

（7）不准非专业人员私自驳接、拆除电线和电器。

（8）不准在缺乏安全措施的深基坑开挖施工。

（9）不准人员在提升架、吊机的吊篮上上落及私自开动任何机械。

（10）不准在未设安全措施的同一位置上进行上下交叉作业。

3. 岗前要求

1）严格进行岗前安全教育培训

（1）按照安全生产法规定，必须接受安全生产教育及培训并合格后，方可上岗作业，建筑工人务必提高自我保护意识和防护能力。

（2）新进场工人上岗前必须接受公司、项目部、班组的“三级”安全教育，培训考核及格方可上岗作业。

2）特种工人必须持有特种作业证

特种作业包含电工作业，起重机械作业，金属焊接作业，登高架设作业，机动车辆驾驶，爆破作业，锅炉司炉，压力容器操作等。以上作业类型，工人必须持有国家特种作业证方可上岗作业，无证作业视为违法。

3）正确佩戴劳动防护用品

按照安全生产法律法规，建筑工人必须严格服从管理，正确佩戴和使用劳动防护用品，方可进行作业。

4. 现场安全措施

1）安全用电

（1）检查电器是否漏电、接地是否良好。

（2）开关箱实行一机一箱一闸一漏。

（3）必须安装灵敏漏电开关，使用防爆插头等。

（4）现场电缆必须进行架空或埋地敷设。

（5）开关箱原有插头损坏后，严禁直接将电线的金属丝插入插头。

（6）严禁非电工动电。

2）机械伤害的应对措施

（1）机械使用前务必按规定履行验收程序，并且签字确认。

（2）安全防护装置齐全，传动部位必须安装防护罩，各部位连接紧固。

（3）电气控制必须符合规范要求，只准使用单向开关，严禁使用倒顺双向开关。

（4）刀具崩缺符合规范标准，锯必须锯齿尖锐，不得连续缺齿两个，锯片不得有裂纹。

3）电焊机伤害的应对措施

（1）电焊机使用前务必按规定履行验收程序。

（2）室外使用电焊机应设置防雨、防潮、防晒的机棚。

（3）进出线应安装防护罩，接线柱严禁裸露。

（4）二次侧应安装防触电保护器。

4）气瓶伤害的应对措施

（1）气瓶应装有防震圈和安全帽，分别存放不同的气瓶，气瓶不得散装吊运。

（2）未安装减压器的氧气瓶不准使用，不同气瓶都应安装单向阀，防止两种气瓶同时使用时气体相互倒灌。

（3）气瓶与动火距离不得少于 10 米，氧气瓶与乙炔瓶距离不得少于 5 米。

（4）操作时，氢气瓶、乙炔瓶应直立放置且必须安放稳固。

5）高处作业的应对措施

（1）现场必须有安全防护设施，如设置安全围栏、铺满跳板、挂好安全网等。

（2）安全带必须高挂低用。

（3）患有高血压、低血糖、癫痫等疾病人员严禁进行高空作业。

6）火灾的应对措施

（1）动火作业处必须放置消防灭火器材。

（2）严禁在同一垂直面上进行电焊、气焊作业。

（3）动火证必须进行备案，严禁未经审批动火作业，现场需专人监护。

（4）如发生火灾，应立即扑救，同时向班组长及项目部报告。

二、安全“三宝”

扫码学习

1. 安全帽

风险因素①：安全帽质量不合格，有受到物体打击、造成人员伤亡的风险。

应对措施：

（1）检查材质是否合格、牢固可靠。

（2）检查安全帽配件是否齐全。

（3）检查安全帽是否贴有生产合格证明。

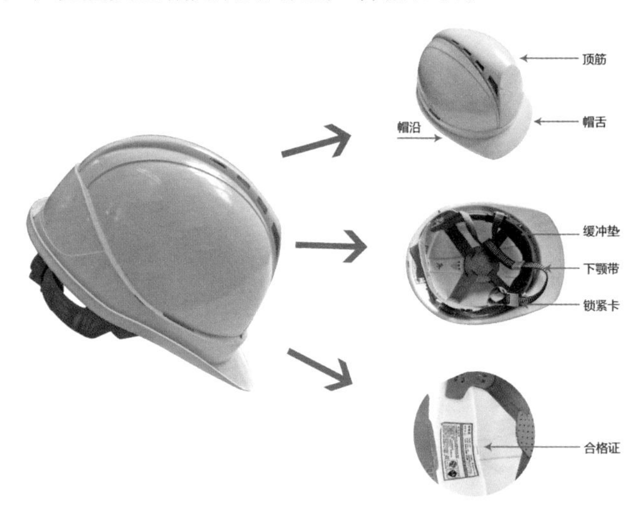

图 1.1　安全帽

事故案例：2007 年 4 月，某工地正在往顶楼运送钢筋，一根短钢筋从顶楼坠落，王某正好从钢筋落地的位置走过，钢筋穿透安全帽以后从头部进去、颈部出来。王某被送入医院后，由于伤势过重，最终不治身亡。

风险因素②：未按规定佩戴安全帽，有受到物体打击、和物体碰撞而使头部受到伤害的危险。

应对措施：

（1）正确佩戴安全帽，不得反戴。

（2）帽衬必须与帽壳连接良好，保留一定间隙。

（3）系紧下颚带。

图 1.2　规范佩戴安全帽

事故案例：2010 年 8 月，某建筑工地上砌筑作业施工。砌筑班组作业前拆除井道防护设施施工，下班后未进行封闭处理，工人王某下班运送斗车经过，不幸从 14 层坠至 10 层安全平网上。由于王某未系紧安全帽下颚带，坠落过程中，帽子脱落，脑袋磕到结构边上，在送往医院路上，王某不治身亡。

扫码学习

2. 安全网

风险因素①：未在规定区域使用安全平网，有造成人员高处坠落和被物体打击的风险。

应对措施：

（1）高处作业区域要求挂安全平网。

（2）外架与结构边等空隙过大部位要求挂安全平网。

图 1.3　高支模按要求挂安全平网

图 1.4　外架与结构缝隙按要求挂安全平网

事故案例：2018 年 4 月，某建筑工地卸料平台转运材料作业。施工过程中，邓某不慎从 10 层卸料平台部位结构与外架间隙处坠落，由于结构与外架之间未设置任何安全平网防护，一坠到底，导致邓某直接坠落至 5 楼悬挑脚手架封闭层，经抢救无效死亡。

事故原因分析：结构与外架之间未按要求设置安全平网。

风险因素②：建筑物外架未使用安全网，会造成外架上杂物掉落产生物体打击、人员高处坠落的风险；阻燃性能不符合要求，存在遇明火易燃造成火灾的风险。

应对措施：

（1）外架采用全封闭，不得随意拆除。

（2）符合阻燃要求。

图 1.5　密目式安全网正确使用方法

事故案例：2012 年 6 月，某住宅小区一在建楼体突燃大火，部分脚手架金属管被烧弯，安全网未达到阻燃标准，大片的安全网被烧毁。

事故原因分析：安全网未达到阻燃标准。

扫码学习

3. 安全带

风险因素①：安全带质量不合格，有高处坠落、人员伤亡的风险。

应对措施：

（1）检查所有配件是否齐全。

（2）检查安全带有无破损老化，能否正常使用。

（3）检查有无合格证明。

图 1.6 安全带

事故案例：2013 年 3 月，孙某与另外几位工友一起在某百货大楼四楼外墙上悬挂大幅广告牌时，孙某不慎滑落，而赖以保命的第二道防线——安全带也随之断裂，导致高处坠落。孙某在抢救过程中不幸死亡。

事故原因分析：使用劣质安全带。

风险因素②：未正确使用安全带，有高处坠落、人员伤亡的风险。

应对措施：

（1）高挂低用，百分百系挂。

（2）系挂点牢靠稳固。

图 1.7　正确使用安全带

图 1.8　错误使用安全带

事故案例：2006 年 12 月，某工程中，张某在对四层主卧室落地铝合金窗进行打胶时，将安全带挂在铝合金窗框横档上，施工中失足，安全带将铝合金窗框横档拉脱，张某坠落到地面，经抢救无效死亡。

三、“四口”“五临边”安全防护

扫码学习

四口：楼梯口、电梯井口、预留洞口及通道口。

五临边：沟、坑、槽和深基础周边，楼层周边，楼梯侧边，平台或阳台边，屋面周边。

风险因素：洞口、临边防护设施缺失或防护设施被拆除后未及时恢复，有产生高处坠落、物体打击、人员伤亡的风险。

图 1.9 洞口防护到位

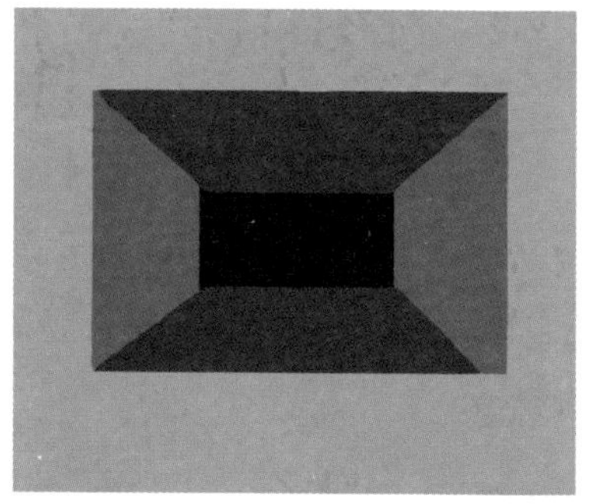

图 1.10 洞口无防护

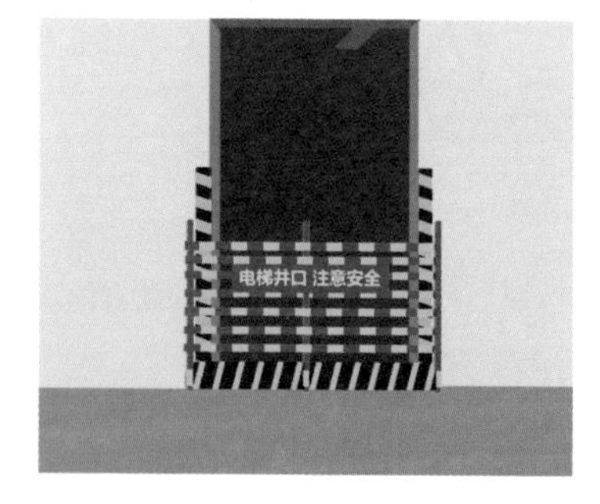

图 1.11 电梯井口防护门设置到位

图 1.12 电梯井口无防护门

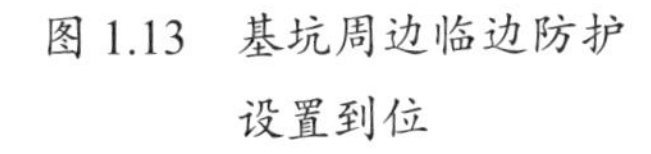

图 1.13　基坑周边临边防护设置到位

图 1.14　基坑周边临边防护设置缺失

应对措施：

（1）发现有洞口、临边没有安全防护设施时，采取临时警戒措施并及时上报班组长或项目部。

（2）发现其他工友有恶意拆除、损坏安全防护设施的情况，应及时制止、指正。

（3）若工作需要拆除临边防护，应及时提交拆除防护申请，完工后及时恢复安全防护设施。

事故案例：2016 年 6 月，某建筑工地水电安装作业过程中，在未提交防护拆除申请的情况下将竖井安全防护设施拆除，未采取临时警戒措施，下班后也未恢复防护。装修工邱某下午下班路过无防护的洞口时，不慎从洞口坠落，经抢救无效死亡。

原因分析：

（1）水电班组拆除临边防护时，未提交防护拆除申请，未设专人监护。

（2）未采取临时警戒措施。

（3）下班后，防护未及时恢复。

四、消防安全知识

扫码学习

1. 施工现场消防基本配备要求

（1）楼层应设置消防栓接驳口，并在施工进出口处、易燃可燃材料堆放区、经常有人路过的建筑场所的通道、楼梯间、电梯间配备灭火器。每层300平方米范围内设置不少于一个灭火器。

（2）消防泵房应采用专用消防配电线路。

（3）高度超过100米的在建工程，应在适当楼层增设临时中转水池及加压水泵。

（4）消防管需采用镀锌钢管，防止被腐蚀漏水或者被大火烧断。

（5）密目安全网必须使用阻燃型安全网，材料进场必须复检阻燃性能。

（6）活动板房必须使用A级防火材质。

（7）工地现场应设置固定可吸烟区，在工地的出入口、办公室、会议室、食堂等醒目位置张贴或摆放统一的禁烟标志、标牌。施工企业应在工地项目建立控烟制度，严禁流动吸烟。

2. 流动吸烟风险因素

风险因素：施工现场流动吸烟，易产生消防安全隐患。

应对措施：工地上严禁流动吸烟，施工现场设指定吸烟点和茶水间，设定区域远离重点防火区域，且消防设施覆盖到位。

图 1.15　指定吸烟点和茶水间

3. 灭火器

风险因素：灭火器压力不足，可能导致不能有效扑灭明火。

应对措施：学会检查灭火器压力表。指针在红色区域表示灭火器失效，绿色为正常压力，黄色为超充。

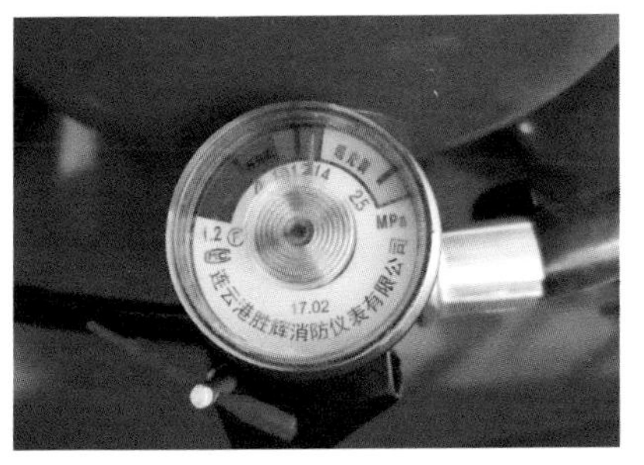

图 1.16　学会检查灭火器

灭火器正确使用方法：

（1）取出灭火器；

（2）拔掉保险销；

（3）一手握住压把，一手握住喷管；

（4）对准火苗根部喷射。

图 1.17　灭火器正确使用方法

4. 消防逃生

风险因素：消防水带被挪用移走，发生火灾时无法第一时间使用消防水源。

应对措施：消防水带消防专用，严禁挪用，消防水带应对中折叠向两头卷。

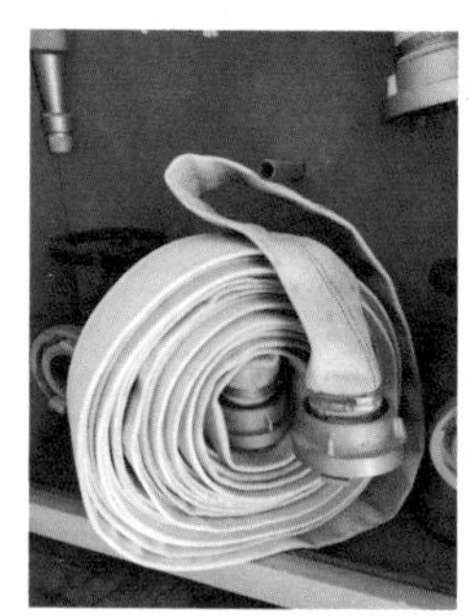

错误

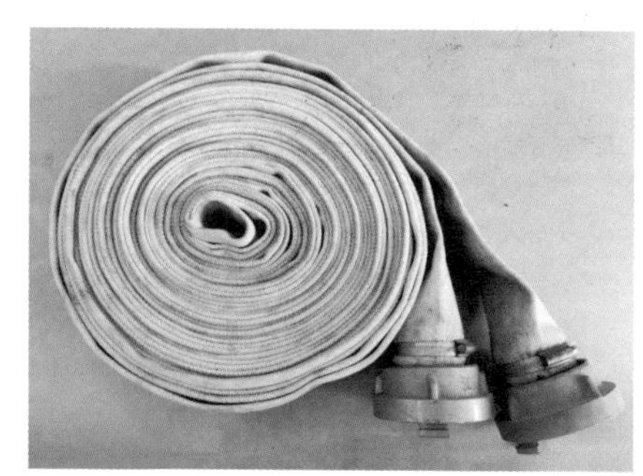

正确

图 1.18　消防水带折叠方法

打开消防箱门

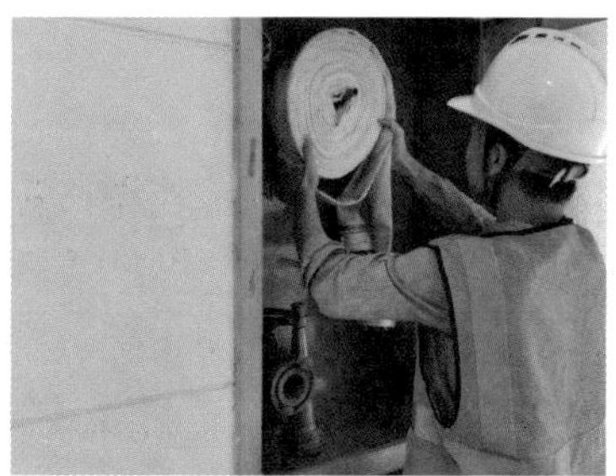

取出消防水带并打开

一头接消防栓接口

另一头接消防枪头

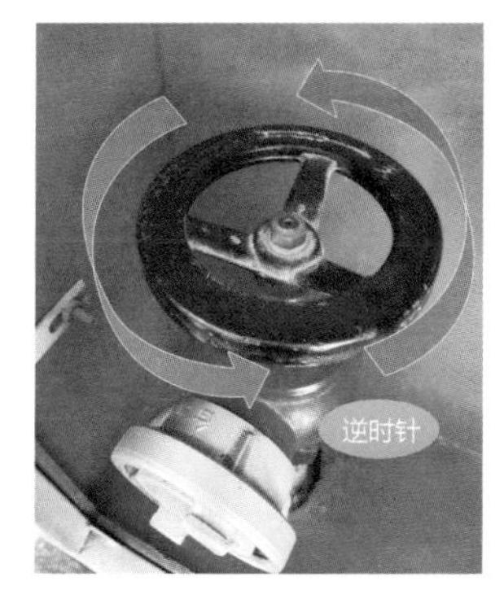

逆时针缓慢打开消防栓的阀门至最大

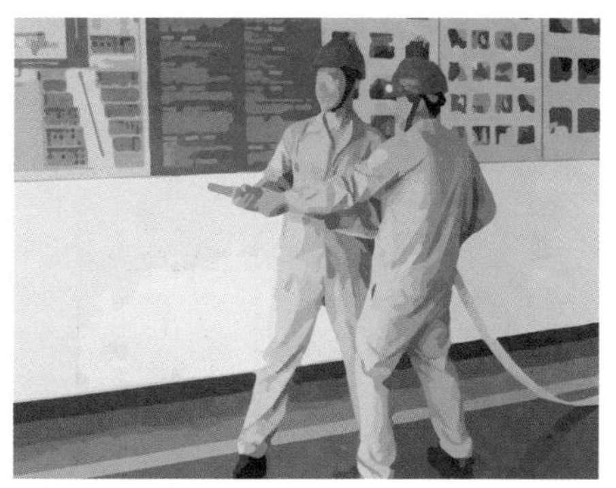

连接完毕后，至少 2 人握紧水枪，对准火场根部进行灭火

图 1.19　消防水带使用步骤

风险因素：不熟悉逃生路线和逃生技能，遇火灾发生时不能及时逃生。

应对措施：学会查看所在区域消防逃生路线，知悉消防器材存放点，应知应会消防逃生技能。

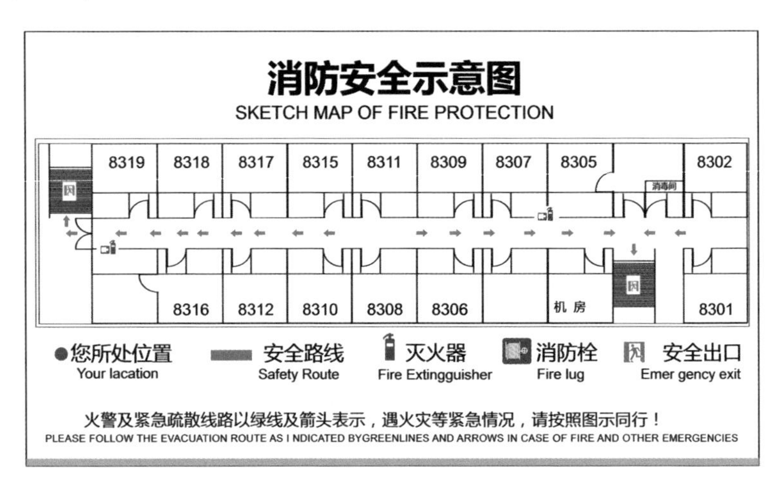

图 1.20　消防安全示意图

5. 动火作业

风险因素：动火作业未经审批；未采取防火措施；动火作业点周边易燃物未清理，有产生火灾的危险。

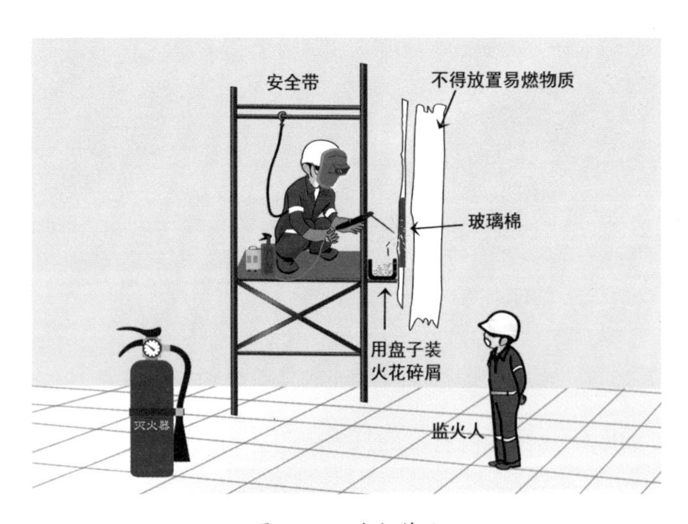

图 1.21　动火作业

应对措施：动火作业严格按照动火审批流程执行，落实灭火器、接火斗、看火人，清理周边易燃易爆物品等。

事故案例：2010年11月，某改建高层公寓火灾，导致58人遇难，另有70余人受伤，直接经济损失约1.58亿元。无证电焊工因违规在10层窗外进行电焊作业引发火灾，构成重大责任事故罪，获刑1年，缓刑2年。

原因分析：

（1）动火部位未按动火要求执行，底部未清理易燃物品，未设置接火斗及看火人；

（2）发生火情时，作业人员不会使用灭火器、消防水带等消防设施及时灭火；

（3）火情得不到控制时，人员消防逃生技能差，未能及时逃离现场；

（4）电焊工无证上岗作业。

五、杜绝“三违”，做到“四不伤害”

1. 三违

三违：违章指挥，违章操作，违反劳动纪律。

（1）常见的违章指挥行为

不按照安全生产的要求履行职责；不按规定对员工进行安全教育培训；不按规定审查、批准技术方案和安全措施；不认真执行业主公司发布的管理程序；强令员工冒险违章作业。

图 1.22　违章指挥

（2）常见的违章操作行为

使用缺损的劳动防护用品，不向领导反映；不按操作规程和工艺要求操作设备；忽视安全，忽视警告，冒险进入危险区域等。

图 1.23　违章操作

（3）常见违反劳动纪律的表现

上班时注意力不集中、消极怠工；工作中不服从分配，不听从指挥；无理取闹、饮酒上岗、影响正常工作；私自动用他人工具、设备；不遵守各项规章制度，违反工作纪律和操作规程等。

图 1.24　违反劳动纪律

2. 四不伤害

不伤害自己：

（1）掌握所操作设备的危险因素及控制方法，遵守安全规则，使用必要的防护用品，不违章作业。

（2）杜绝侥幸、自大、逞能、想当然等心理，莫以患小而为之。

（3）严格进行安全教育培训，提高自身防护能力。

（4）任何活动或设备都可能存在危险性，请确认无伤害危险后再实施。

不伤害他人：

（1）严禁制造安全隐患，尊重他人的生命。

（2）确保他人在不受影响的区域后，方能进行设备操作。

（3）管理者对危害行为的默许纵容是对他人最为严重的威胁，安全表率是其职责。

（4）及时告知别人存在的风险，加以消除或予以标识。

不被他人伤害：

（1）提高自我保护意识，保持警惕，及时发现并报告危险。

（2）与同事共享你的安全知识及经验，帮助他人提高预防事故的能力。

（3）纠正他人可能危害自己的不安全行为。

（4）拒绝他人的违章指挥，即使是你的主管所发出的，不被伤害是你的权利。

保护他人不受伤害：

（1）任何人发现任何事故隐患，都要主动提示他人。

（2）提示他人遵守各项规章制度和安全操作规程。

（3）视安全为集体的荣誉，为团队贡献安全知识，与他人分享经验。

（4）一旦发生事故，在保护自己的同时，要主动帮助身边的人脱离危险。

扫码学习

六、“宿舍十禁”

（1）严禁在宿舍生明火。

（2）严禁在宿舍内抽烟。

（3）严禁私拉乱接电线。

（4）严禁打架斗殴、起哄闹事。

（5）严禁留宿陌生人。

（6）严禁使用大功率用电器。

（7）严禁电单车在宿舍充电。

（8）严禁存放易燃易爆物品。

（9）严禁在宿舍内参与赌博活动。

（10）严禁在宿舍内使用液化气。

七、安全警示标识

扫码学习

安全色

红色：表示禁止、停止。

蓝色：表示指令、必须遵守。

黄色：表示警告和提醒注意。

绿色：表示通行、安全和提供信息。

安全标志

禁止标志：禁止人们不安全行为的图形标志。

警告标志：提醒人们对周围环境引起注意，以避免可能发生危险的图形标志。

指令标志：强制人们必须做出某种动作或采用防范措施。

提示标志：向人们提供某种信息的图形标志。

图 1.25　禁止标志

注意安全　当心落物　当心坑洞　当心触电　当心烫伤

图 1.26　警告标志（一）

图 1.26　警告标志（二）

图 1.27　指令标志

此标识表示安全逃生指示标识，指引逃生路线！

图 1.28　提示标志

第二章 各工种安全要点及典型事故案例

一、杂工（普工）

扫码学习

风险因素①：身体不适，进入施工现场进行普工作业，易因自身病变形成伤害。

应对措施：进场前应先进行血压测量等体检，身体不适或有健康隐患者（如高血压、心脏病患者等）不得入场施工。

风险因素②：因作业方法不当，做成作业面有坍塌、高处坠落、物体打击等安全隐患。

应对措施：土方作业、局部墙体拆除时要由上而下逐层挖掘或拆除，禁止采用掏洞等方式违规操作。

图 2.1　违规掏洞开挖

事故案例：2003 年 12 月，某项目部两名普工拆除售楼处围墙时，从中间开始掏挖，造成围墙倒塌，工人被压，经抢救无效死亡。

风险因素③：在不了解安全技术操作规程的情况下，接到上级指令即盲目开始操作，造成人员伤害。

应对措施：严格按照普工安全技术操作规程作业，充分了解工作环境，发现险情时应立即停止作业并紧急撤离，切忌盲目施救，并立即告知安全管理人员。

图 2.2　紧急撤离至安全区域

事故案例：2009 年 5 月，某地铁车站施工时，基坑发现存在倒塌的危险，项目部坚决制止工人前去转移物资，要求全部撤离到安全距离以外，随后基坑全部倒塌，25 名作业人员无一伤亡。

风险因素④：管理人员违章指挥，安排普工进行专业工种作业，造成人员伤害。

应对措施：当接到专业性较强、未接受过安全培训的操作指令时，普通工人应拒绝作业。

图 2.3 有权拒绝违章指挥

风险因素⑤：基坑阶段时，作业区域突发紧急情况，应急措施不到位，造成人员伤害。

应对措施：开挖沟槽、基坑等，要根据设计或方案交底要求放坡及设置固壁支撑，挖出的泥土应堆放在沟边 1 米以外。

图 2.4 确保基坑支护到位

事故案例：2008 年 3 月，某房建工程排污管管沟开挖施工过程中，未按照方案要求放坡及设置固壁支撑，挖出的土随手堆在管沟边，随后管沟土方发生坍塌，2 名工人被埋并最终窒息死亡。

风险因素⑥：作业区域安全防护不到位或垂直作业面上有其他人员正在操作，存在高空坠物隐患，造成物体打击伤害。

应对措施：应确保作业区域内安全防护措施可靠，同时避开垂直交叉作业，严禁高处抛扔料具，当上部或下部垂直作业面有他人作业时应立即报告管理人员对工作面进行调整。

图 2.5　同一垂直作业面操作

事故案例：2008 年 12 月，某地铁工程进行模板拆除工作时，1 名杂工进入拆除作业面下方清理杂物，被上方坠落的模板砸中头部后伤重死亡。

风险因素⑦：对现场路线及施工情况不熟悉，误入危险区域或进入临边洞口防护不到位的区域，有造成人员伤害的隐患。

应对措施：应全面熟悉现场环境及路线，避免进入危险区域；如用手推车转运物料时，应提前确定好行走线路，避开洞口及临边，掌握好平衡，不得猛跑和撒把溜放。

事故案例：2003 年 8 月，某项目一名普工用手推车运输砂浆时，因身体失去平衡而从没有防护措施的检修洞口坠落死亡。

图 2.6　不得猛跑、撒把溜放

扫码学习

二、钢筋工

风险因素①：调运设施设备安全措施不到位，贪图操作简便、快捷，造成高空坠物伤害。

应对措施：当钢筋垂直调运时，起吊时规格必须统一，不得使用单根钢丝绳起吊，不得在同一垂直操作面进行其他作业；箍筋或长度小于1.2米的钢筋必须采用吊料斗进行调运；当采用自卸车等进行水平吊运时，务必确保吊运设备稳固，防止倾覆。

图2.7　吊运钢筋，不得在同一垂直面操作

事故案例：2007年2月，某工业园厂房施工项目，用井架吊运钢筋至四楼，吊料斗内有一束钢筋从料斗底部滑出，共24根钢筋穿过下方的作业工人，最终造成死亡。

风险因素②：对钢筋加工制作安全操作规程不熟悉，设备设施不符合安全要求，易造成机械伤害。

图 2.8　钢筋加工区域

应对措施：钢筋调直、弯曲、切断等加工机具应安装牢固，防护罩及漏电保护装置完好，加工区域隔离措施到位。

风险因素③：现场安全防护设施或措施不到位，无安全操作平台，操作工人在危险状态下进行绑扎作业。

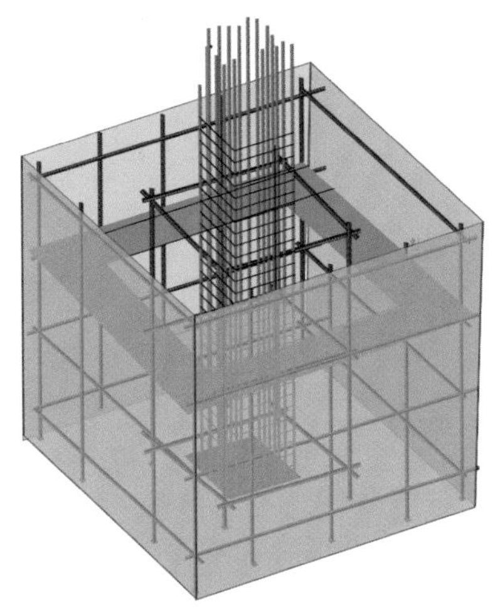

图 2.9　绑扎钢筋应搭设稳固操作平台

应对措施：绑扎竖向钢筋时，不得攀登骨架上下或站在钢筋骨架上绑扎作业。绑扎 3 米以下竖向钢筋，可采用高度在 1 米以下马凳进行绑扎作业；进行 3 米以上竖向钢筋绑扎时，应搭设稳固的操作平台。

事故案例：2003 年 9 月，某工程项目钢筋工在二十六层绑扎超过 4 米高的竖向钢筋时，未搭设操作平台，在仅用一条木枋插到钢筋骨架内且未系安全带的情况下即开始绑扎作业，最后因木枋折断而坠落死亡。

风险因素④：现场安全防护设施或措施不到位，骨架存在倒塌风险。

应对措施：在绑扎柱子、侧墙等竖向钢筋骨架时应加设临时支撑拉牢，以防钢筋骨架倒塌伤人。

图 2.10　钢筋骨架必须支撑拉牢

事故案例：2017 年 4 月，某地铁项目在 12 米高侧墙钢筋绑扎作业时，因未设置临时支撑，最终侧墙钢筋在绑扎过程中倒塌，造成 1 人死亡、3 人受伤。

风险因素⑤：现场安全防护设施或措施不到位，操作工人在危险状态下进行绑扎作业，存在人员高处坠落的风险。

应对措施：临边柱、墙及洞口处梁等处绑扎钢筋时，应有可靠的安全防护措施且佩戴好安全带。

图 2.11　高处作业必须佩戴好防护用品

事故案例：2005 年 11 月，某项目钢筋工在绑扎宿舍楼面钢筋时，由于外架搭设未跟上施工层，钢筋工从作业层临边坠落死亡。

风险因素⑥：钢筋原材、半成品调运或堆放不规范而引发安全事故。

图 2.12　钢筋规范堆放

应对措施：钢筋原材及半成品应分规格、型号堆放整齐，堆放场地要平整且高度不得超过 1.2 米。钢筋制作应在地面进行，且应搭设安全防护棚。

事故案例：2003 年 2 月，某项目作业时钢筋堆放不稳，一捆滚落的钢筋压住了站在钢筋堆上滑倒的钢筋工，经抢救无效死亡。

风险因素⑦：钢筋工违规进行焊接作业，造成灼伤、触电等伤害。

应对措施：钢筋工不得进行焊接作业，焊工作业人员进行钢筋焊接作业时应佩戴好劳动保护用品，焊机应设在干燥、稳固的地方，焊接设备应有可靠的接零装置，导线绝缘良好，焊接区域 5 米范围内严禁堆置易燃易爆物品。

图 2.13　焊接钢筋做好防护

事故案例：2000 年 4 月，某地铁站项目一名钢筋工在无焊工操作证的情况下违规进行焊接作业，电焊机直接放在底板钢筋网上，未安装漏电保护器及二次侧空载降压保护器，施工时阴雨天气，最终因电焊机漏电造成 1 名工人死亡。

风险因素⑧：在特殊、恶劣天气下作业，造成伤亡。

应对措施：遇到雷、雨、大风等恶劣天气时应立即停止作业，并撤离到安全部位，防止雷击伤人。

图 2.14　恶劣天气停止作业

扫码学习

三、木工

风险因素①：混凝土浇筑工程中，无管理人员值班值守，作业人员随意拆除模板支撑，引发安全事故。

应对措施：支模体系验收合格后方可进行上部木工作业；在混凝土浇筑过程中应有管理人员、木工等值班值守，严禁拆除任何模板支撑杆件。

图 2.15　规范浇筑混凝土，专人值守

事故案例：2002 年 2 月，某电厂项目屋面浇筑混凝土时，工人违章拆除了模板支撑架的部分立杆和水平杆，造成模板支撑架坍塌，1 名工人被砸伤，经抢救无效死亡。

风险因素②：木工作业过程中，利用模板支撑架的水平杆进行攀登作业，易发生高处坠落。

应对措施：木工作业应有安全、可靠的上下通道，严禁利用模板支撑架体作为攀登途径。

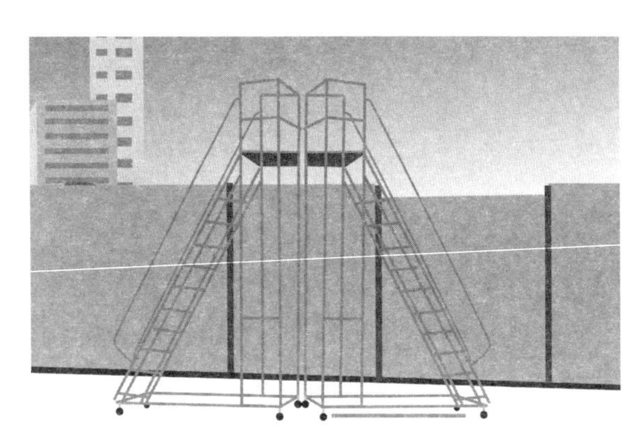

图 2.16　上下作业应设有可靠的通道设施

事故案例：2005 年 4 月，某项目厂房工程大梁侧模支模作业时，木工利用模板支撑架的水平拉杆作为攀登路径，最终从支模架上坠落，经抢救无效死亡。

风险因素③：作业面安全防护设施或措施不到位，存在高处坠落风险。

图 2.17　作业面必须做好安全防护措施

应对措施：2.5 米以上木工作业时，模板支撑架必须拉设好安全平网或铺设脚手板，且周边安全防护措施完善后方可进行木工作业。

事故案例：2017 年 2 月，某住宅项目模板支撑体系未拉设安全平网，一木工工人站在 3.4 米高的钢管上作业时坠落死亡。

风险因素④：模板支撑体系材质（如钢管、扣件）不合格、搭设不规范、未按规定程序检查验收，引发安全事故。

应对措施：模板支撑架使用材料的材质、规格应符合规范要求，模板支撑体系的支架构造应在按规定程序验收后方可进行木工作业。

图 2.18　模板材质、搭设必须符合规范

事故案例：2003 年 6 月，某项目因屋面板高支模体系横向水平杆及剪刀撑未按要求进行搭设且立杆间距过大，且无验收记录，在浇筑混凝土时模板支撑体系坍塌，1 名工程师被压，后经抢救无效死亡。

风险因素⑤：混凝土强度未达到要求便拆除支撑体系，或将支撑体系先行拆除导致模板整体坠落。

应对措施：混凝土达到设计强度且经过审批后方可进行模板

拆除作业，模板拆除作业时应先拆除模板及木枋，最后拆除支撑体系，严禁在垂直作业面上同时操作。

图 2.19　拆除模板，不得在同一垂直作业面同时操作

事故案例：2016 年 11 月，某电厂三期扩建工程在混凝土强度不够的情况下违规拆除第 50 节模板，筒壁混凝土不足以承受上部荷载而发生坍塌事故，造成 73 人死亡、2 人受伤 。

风险因素⑥：模板安装或拆除后，作业面预留洞口未有效防护，造成高处坠落事故。

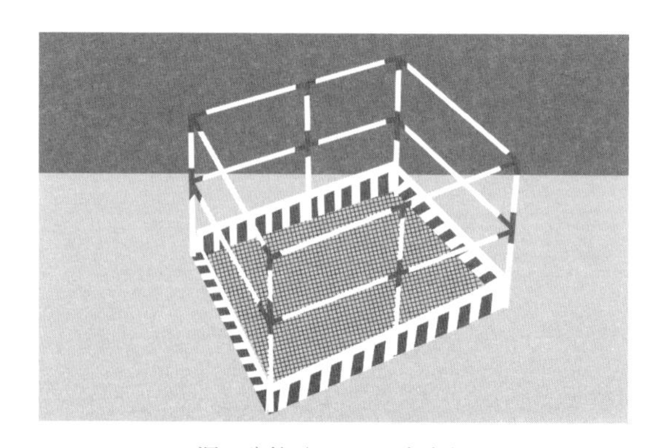

洞口防护（≥ 1500 毫米）

图 2.20　预留洞口防护措施

应对措施：模板铺装或拆除后有预留洞口时，应立即对洞口进行有效防护。

风险因素⑦：恶劣天气影响下，工地模板支撑发生变形，未及时检查加固即开始施工作业。

应对措施：台风、暴雨等恶劣天气前后均要对模板支撑体系进行严格检查，发现有变形、下沉、倾覆等安全隐患时应及时加固处理，确保隐患排除后方可进行作业。

图 2.21　严格检查模板支撑体系

事故案例：2004 年 8 月，因连续下雨，某项目支模架基础下沉，在未对模板支撑体系进行检查的情况下，施工方即开始混凝土浇筑作业，最终模板支撑体系坍塌，所幸人员及时逃离，未造成人员死亡。

四、混凝土工

扫码学习

风险因素①：使用不合格振捣设备、电线不绝缘或漏电保护装置不灵敏，发生触电伤害。

应对措施：应使用合格的振捣棒、平板振动器等设备，用电回路必须有漏电保护器，湿手不得触碰开关，作业时应穿绝缘胶鞋，电线不得有破损漏电现象，非电工人员不得私搭乱接。

图 2.22　混凝土浇筑防止触电

事故案例：2002 年 12 月，某项目混凝土工自行将振捣棒电源线挂接在电箱里的闸刀开关上，未通过漏电保护器，结果振捣棒漏电，导致混凝土工触电身亡。

风险因素②：采用手推车运输混凝土时，施工电梯梯笼门、楼层门关闭不严，行走线路存在安全隐患。

应对措施：斗车装运混凝土采用施工电梯垂直运输时，梯笼门、楼层防护门应关闭严密。斗车水平运输混凝土时要确保行走线路安全、平稳。

图 2.23　混凝土规范运输

事故案例：2007 年 4 月，某项目部装运混凝土的斗车通过施工电梯运输至十三层时，楼层防护门未有效关闭，施工电梯运行过程中，一名混凝土工连人带车自十三层坠落死亡。

风险因素③：临边防护缺失，作业时发生高处坠落事故。

图 2.24　临边、洞口防护措施必须可靠

应对措施：混凝土浇筑作业时，应保证临边、洞口防护措施可靠，避免人员作业时受视线、机械晃动等影响造成高处坠落。

事故案例：2016 年 12 月，某项目主楼混凝土浇筑施工过程中，混凝土工人不慎从临边坠落，后送医院抢救无效死亡。

风险因素④：混凝土泵车不平稳造成倾翻，管道接头、安全阀安装不合格造成泵管爆裂等，发生机械伤害。

应对措施：用输送泵输送混凝土时，管道接头、安全阀必须完好，管道加固架体必须牢固且不得固定在外脚手架上，输送前必须试送，检修时必须卸压。管道转弯接头处不得站人，防止管道破裂、混凝土浆飞溅伤人。

图 2.25 防止混凝土泵车造成机械伤害

事故案例：2011 年 4 月，某项目部房建工程在泵送混凝土试运转时，泵管剧烈晃动击中某混凝土工的腹部，最终造成该作业人员死亡。

风险因素⑤：混凝土泵车不平稳造成倾翻、泵管爆裂等，发生机械伤害。

应对措施：混凝土泵送前应将泵送设备安置在平整、坚实的地面上，支腿垫脚应采用专用枕木，防止设备发生倾覆。

图 2.26 混凝土泵车造成机械伤害

事故案例：2011 年 4 月，某地铁工程工人用手动葫芦吊装混凝土输送泵，一侧吊点钢丝绳断裂，造成输送泵前端突然倾斜侧翻，撞击到一名混凝土工，最终造成该人员死亡。

五、抹灰工

扫码学习

风险因素①：抹灰工垂直作业面有交叉作业，因高空坠物，对他人或自己造成伤害。

应对措施：抹灰工垂直作业面有交叉作业时，应妥善堆码材料，确保平稳、可靠，严禁超高；同时应保证层间防护措施到位，防止对他人或自己造成伤害。

图 2.27　禁止同一垂直作业面操作

图 2.28　高空掷物伤害

事故案例：2005 年 9 月，某房建工程进入装修阶段，阳台处砖块未妥善放置，一抹灰工作业时一砖块从二十楼坠落，砸中下面未戴安全帽的工友，致其当场死亡。

风险因素②：内墙抹灰操作架不符合规范要求（脚手板未满铺、缺少防护栏杆等），造成高处坠落。

应对措施：抹灰工使用的操作平台、脚手架应搭设平稳牢固，防护措施到位且经验收合格，脚手板必须满铺。脚手架上堆放材料不得过于集中，在同一跨度内不应超过两人。

图 2.29　同一跨度不得超过两人作业

事故案例：2004 年 10 月，某厂房施工项目，抹灰工在粉刷首层顶棚作业时，由于操作平台上脚手板未满铺且无防护栏杆，抹灰工从 4 米高的操作平台坠落，造成死亡。

风险因素③：外墙抹灰时，外脚手架防护措施不到位，造成高处坠落。

应对措施：外墙抹灰时外架脚手板、安全网、连墙件等安全措施必须完好，架体离墙距离应符合规范要求。严禁踩踏脚手架的扶手栏杆或在无防护措施的情况下进行操作。

图 2.30　做好外脚手架防护措施

事故案例：2008 年 12 月，某房建工程进入收尾阶段，粉刷工人在阳台采光井搭设简易门式架，无临边防护且工人未系安全带，作业过程中 1 名工人从十九层坠落死亡。

风险因素④：抹灰作业时随意拆除安全防护措施且未及时恢复，造成高处坠落。

图 2.31　不得随意拆除防护措施

应对措施：抹灰砌筑时因防护措施阻碍施工，应通知安全管理人员安排专人进行拆除，施工完成或停止作业时应及时恢复，避免造成人员高处坠落。

事故案例：2018 年 5 月，某项目因影响砌筑、抹灰作业，楼层内临边防护措施被拆除后未及时恢复，造成高处坠落事故，死亡 1 人。

六、架子工

扫码学习

风险因素①：架子工没系安全带；脚手架没有悬挂安全立网和平网，有高处坠落的风险。

应对措施：架子工作业要正确使用个人劳动防护用品。必须戴安全帽，佩戴安全带，衣着要灵便，穿软底防滑鞋，不得穿塑料底鞋、皮鞋、拖鞋和硬底或带钉易滑的鞋。

图 2.32　高空作业佩戴好防护用品

事故案例：2003 年 7 月，某房建工程的外架班工人搭设外架的卸料平台时，由于天热，1 名工人脱去上衣和安全带，不小心踩空坠落死亡。

风险因素②：脚手架一次搭得过高；用不合格钢管、扣件进行搭设；扣件螺栓紧扭不按要求，脚手架搭设过程中有坍塌的风险。

应对措施：架子要结合工程进度搭设，不能一次搭得过高。不能使用不合格的钢管、构件，必须采取措施消除不安全因素并确保架子稳定。

图 2.33 结合工程进度规范搭设脚手架

事故案例：2004 年 9 月，某项目架子工用严重锈蚀的钢管搭设外架，2 名抹灰工作业时，钢管突然断裂，1 名工人坠落死亡。

风险因素③：落地式外脚手架上荷载每平方米超过 270 千克；落地式外脚手架未设置足够的顶撑和拉接，脚手架有坍塌的风险。

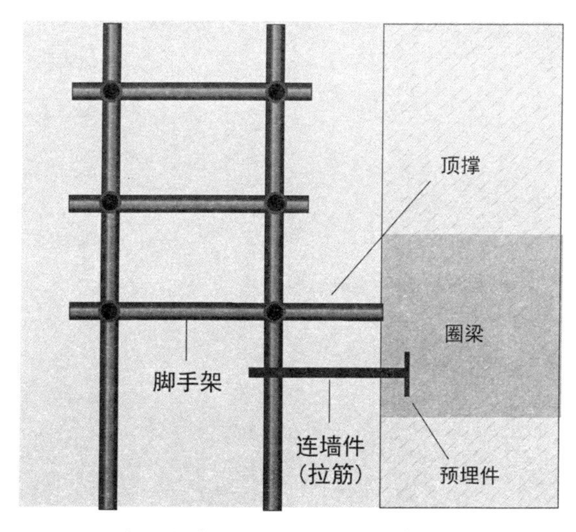

图 2.34 落地式脚手架必须设置足够的顶撑和拉接

应对措施：落地式外脚手架上荷载每平方米不得超过 270 千克，要设置足够的顶撑和拉接。

事故案例：2007 年 6 月，某项目架子工在房建工程的电梯井内搭设脚手架，未设置足够的顶撑和拉接，架子上堆放的材料荷载超过每平方米 270 千克，脚手架坍塌，造成 2 名工人死亡。

风险因素④：搭设架体时，基础不牢，存在脚手架坍塌风险。

应对措施：钢管脚手架的立杆应垂直稳放在底座或垫木上。

事故案例：2016 年，某工地由于脚手架基础不牢固，下雨后基础沉降，底部悬空导致坍塌。

风险因素⑤：架子使用期间拆除立杆、水平杆、连墙件、扫地杆等杆件，脚手架有坍塌的风险。

应对措施：脚手架在使用期间不得拆除横杆、立杆、扫地杆等杆件，有权拒绝违章作业。

事故案例：2017 年，某工地架子工詹某盲目听从小班组长指令，架子使用期间将卸料平台处水平杆连续拆除，导致脚手架垮塌。

风险因素⑥：脚手架拆除期间，底部未设隔离区，未设专人旁站，有发生高空坠物伤人的风险。

应对措施：拆除脚手架，周围应设围栏或警戒标志，并设专人看管，禁人入内。

事故案例：2008 年，某项目地下室操作架拆除期间，未设隔离警戒区，且未有专人旁站，导致江某路过时被一扣件砸中头部，运送医院途中死亡。

图 2.35　脚手架拆除，专人值守

风险因素⑦：搭设过程中未满铺脚手板，有发生高处坠落、物体打击事故的风险。

应对措施：脚手板须满铺，离墙面不得大于 20 厘米，不得有空隙探头板。脚手板搭接时不得小于 20 厘米；对头接时应架设双排小横杆，间距不大于 20 厘米；在架子拐弯处脚手板应交叉搭接；脚手板上材料应清理干净。

图 2.36　脚手架需满铺

事故案例：2009 年，某工地由于架子工搭设完脚手架后，脚手板未固定，且未严格组织验收，木工张某后续封模作业时从外架上踩空坠落，被底部预留钢筋贯体致重伤。

风险因素⑧：脚手架拆除期间，未按工序作业，为抢工上下同时作业，有高空坠物、发生物体打击事故的风险。

应对措施：脚手架拆除期间，拆下的脚手杆、脚手板、钢管、扣件、钢丝绳等材料，应按工序向下传递或用绳吊下，禁止堆放在防护棚，不得往下投扔。

图 2.37　严格按规范拆除脚手架、严禁乱投扔

事故案例：2003 年 8 月，某工程架子班拆除房建工程外架，把拆除的钢管违章堆放在二十五层防护棚上，防护棚受压变形，向下倾斜，架子工坠落，落下的几十根钢管散落，砸中工地外几名行人，3 人经抢救无效死亡。

七、电工

扫码学习

风险因素①：现场未按要求采用三相五线制，电缆线破损，绝缘不到位，有触电的危险。

应对措施：必须按照施工用电组织设计架设三相五线制的电气线路，确保现场接零保护和漏电保护可靠。所有电线过道、穿墙或进出电箱均要用钢管或胶套管保护。

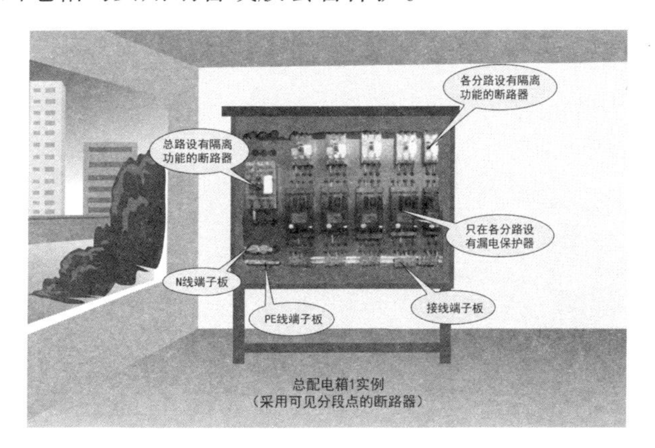

图 2.38　规范接电

事故案例：2002 年 9 月，某项目人工挖孔桩工程，因配电箱进线端电源线无保护，电源线破皮漏电，保护零线连接不可靠，漏电保护失灵，造成现场所有提升机及吊桶带电，造成 1 名工人触电死亡。

风险因素②：施工现场使用正式用电，带电作业时有触电的风险。

应对措施：施工现场不能使用正式用电，禁止带电作业。

图 2.39　严禁带电作业

事故案例：2004 年，某工程收尾阶段，无证电工安装正式用电照明线路时，带电作业造成触电，由于正式用电照明线路无需装设漏电开关，该电工触电身亡。

风险因素③：交流焊机未配备二次空载降压保护器，有二次线漏电造成触电的危险。

预防措施：交流电焊机必须配备二次空载降压保护器。

图 2.40　二次空载降压保护器

事故案例：2007 年，某水厂工程中使用的电焊机未配备二次空载降压保护器，电焊工焊接供水管过程中，因电焊机漏电而触电身亡。

风险因素④：电缆线未进行绝缘架空，存在泡水现象，有电源线漏电造成触电的危险。

应对措施：电缆线要求绝缘架空。

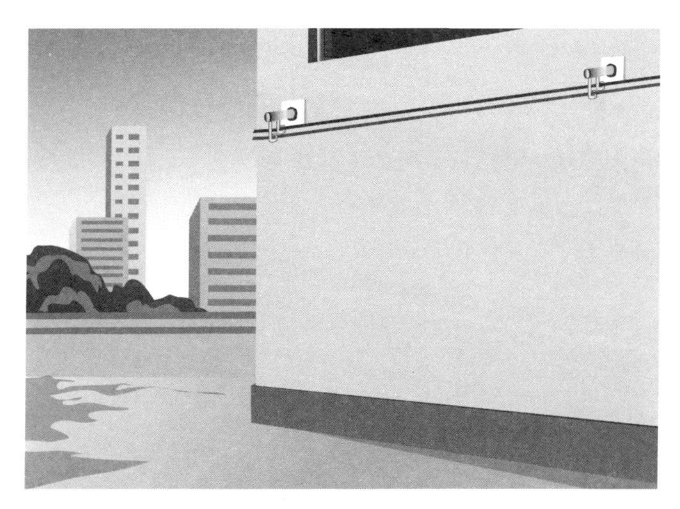

图 2.41　电缆需绝缘架空

事故案例：2015 年 8 月，某工地电缆线破损未及时维护，且未进行绝缘架空，雨后电工张某准备启动抽水泵排水时，不慎触电身亡。

风险因素⑤：电箱门未上锁，其他工种私自搭接。

应对措施：电箱门要求上锁，杜绝非电工等其他工种进行临电操作。

事故案例：2014 年 7 月，某工地电工在检查维护后未及时上锁，木工张某在未找到电工情况下私自接线，不慎触电致重伤。

图 2.42　电箱防护

风险因素⑥：高层或自重较大的电缆线未按要求进行卸荷处理，有物体打击、触电的事故隐患。

应对措施：高层或自重较大的电缆线按要求进行卸荷处理，且卸荷装置稳固牢靠。

图 2.43　电缆卸载装置

事故案例：2017 年 4 月，某工地塔吊电缆线未进行卸荷处理，在风雨期间，电缆线在风力作用下将二级箱从边坡扯倒至周边积水坑，所幸及时发现，未造成人员身亡。

风险因素⑦：挖孔桩施工工艺、隧道施工工艺，施工过程不正常停电会造成中毒等伤害。

应对措施：应当严格按规范要求做好漏电保护配置，选择好漏电参数、备用发电电源等。

风险因素⑧：塔吊设备应用过程中，不正常停电可能造成机械伤害。

应对措施：漏电保护配置、漏电参数根据实际情况配置。

八、砌筑工

扫码学习

风险因素①：悬空作业处无牢靠的立足处，未配置防护网、栏杆或其他安全设施，有发生高处坠落的危险。

应对措施：悬空作业处应有牢靠的立足处，并必须视具体情况，配置防护网、栏杆或其他安全设施。戴好安全带并挂在安全绳上才可施工。

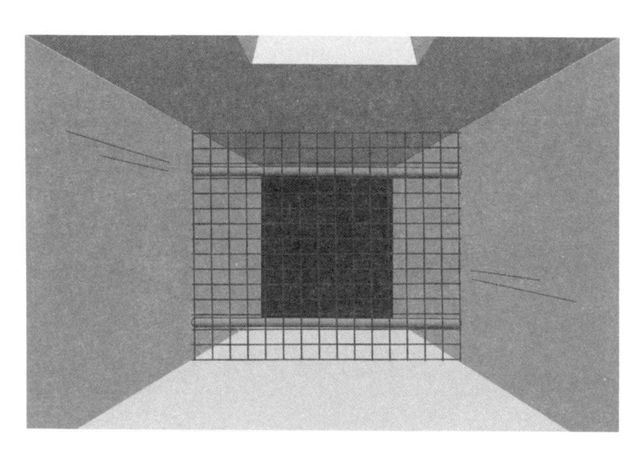

图 2.44　悬空作业防护措施

事故案例：2017 年 8 月，某房建工程，砌筑工人作业时从电梯通风井坠落死亡。

风险因素②：作业前未检查操作环境是否符合安全要求、安全设施和防护用品是否齐全，有坍塌、高处坠落等风险。

应对措施：在操作之前必须检查操作环境是否符合安全要求，道路是否畅通，机具是否完好牢固，安全设施和防护用品是否齐全，经检查符合要求后才可施工。

图 2.45　规范佩戴合格防护用品

事故案例：2015 年 11 月，某项目砌筑工在刚砌好的砖墩子上盖楼板时，连人带楼板跌落至地面后死亡。

风险因素③：砌筑作业使用的操作平台不可靠，作业时防护用品未按要求使用，有高处坠落等风险。

应对措施：砌筑作业使用的操作平台要求牢固可靠，且不得在操作平台上继续叠加木凳子登高作业，作业时防护用品按要求使用。

图 2.46　登高作业需设稳固平台

事故案例：2017 年 6 月，某房建工程装修阶段，石某在首层大堂进行砌筑抹灰作业。由于层高较高，石某在搭设的简易操作平台上叠加双层木凳登高作业，作业过程中因作业平台失稳，石某从上部坠落至地面摔成重伤。

风险因素④：砌筑作业随意拆除临边防护、外架连墙件等安全防护措施，有高处坠落等风险。

应对措施：砌筑作业随意拆除临边防护、外架连墙件等安全防护措施。

图 2.47　严禁随意拆除临边防护

事故案例：2018 年 3 月，某项目电梯井砌筑作业将临边防护拆除，下班后未及时恢复，导致钢筋工下班后路过踩空，高处坠落致重伤。

风险因素⑤：密闭空间内砌筑作业，未保持良好的通风环境，有发生中毒事故的风险。

应对措施：地下室、机房的密闭空间砌筑作业，不得单独作业，并保持良好的通风环境。

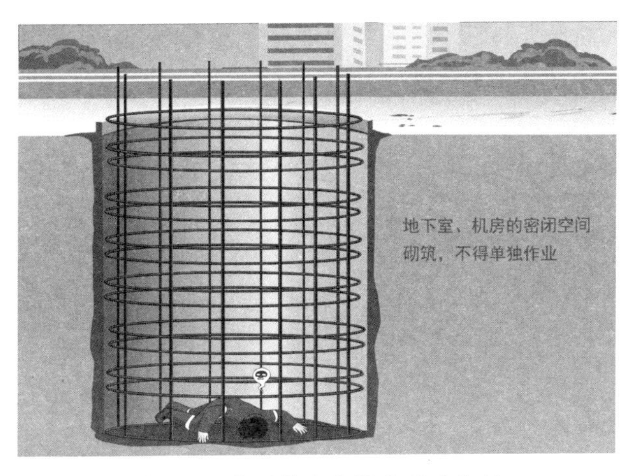

图 2.48　密闭作业空间需通风良好

事故案例：2016 年 3 月，某项目包工头安排陈某、孙某、刁某三人去地下室消防水池进行砌筑抹灰作业。由于该工地长期停工，陈某等下去作业前也未对该空间进行气体检测，作业过程中三人均中毒昏迷。

九、塔吊司机

扫码学习

风险因素①：塔式起重机操作人员无证操作、疲劳作业。操作人员不按照指挥人员的信号进行作业，有发生起重伤害事故的危险。

应对措施：塔式起重机操作人员应经培训考试合格取得操作证后，熟练该性能的塔吊并凭操作证上岗，严禁无证操作，严禁疲劳作业。操作人员应按照指挥人员的信号进行作业，当信号不清或错误时，操作人员可拒绝执行。

图 2.49　起重作业严格按照指挥起吊

事故案例：2010 年 3 月，某项目的无证塔式起重机司机，明知不可以起吊被埋在模板下的钢丝绳，在指挥人员错误的指挥下起吊，产生较大的冲击荷载，造成防护棚坍塌，9 人坠落死亡。

风险因素②：塔吊司机开机前未检查钢丝绳、吊钩、吊具有无严重磨损、裂纹和损坏现象，未检查设备各电器元件是否良好，线路连接是否安全可靠，传动部分润滑部位是否正常，使用存在问题的设备有发生起重伤害事故的风险。

应对措施：开机前应认真检查钢丝绳、吊钩、吊具有无严重磨损、裂纹和损坏现象，设备各电器元件是否良好，线路连接是否安全可靠，传动部分润滑部位是否正常，并进行空运转，待一切正常后方可使用。

图 2.50　起吊前检查吊具确保安全可靠

事故案例：2003 年 9 月，某项目塔式起重机司机及维保人员未检查吊钩连接部位的销轴是否有裂纹和损坏，塔吊在调运砂浆时，吊钩连接部位的销轴断裂，吊钩及料斗从 100 多米高处坠落，砸穿了下方的双层防护棚，险些造成重大伤亡事故。

风险因素③：塔吊司机每天上下班必须对塔吊基础螺栓和塔吊标准节螺栓及塔身金属进行检查，并作好记录，待一切正常后方可使用，塔吊司机发现塔吊有异响必须停止作业。

应对措施：基础螺栓必须是原厂适用于该型号，有合格证、材质报告、注明安装尺寸；司机上下班应对螺栓进行检查。

图 2.51　检查螺栓是否正常

事故案例：2013 年 5 月，某工地塔吊基础螺栓在使用过程中 16 颗有 6 颗断裂，幸好没有发生人员和塔吊倒塌事故。基础螺栓非原厂同型号，基础未找平受力不好，安装尺寸不好外力校正，超载严重。

风险因素④：工作时不服从指挥，疲劳作业，不按操作规程作业，违章作业，有发生起重伤害事故的危险。

图 2.52　严禁违章起吊

应对措施：塔吊司机工作时应服从指挥，集中精力，不得疲劳作业，按操作规程作业，不得违章作业。严禁吊钩有重物时离开驾驶室，操作中做到二慢一快，即起吊、下落慢，中间快。

事故案例：2006 年 2 月，某商住楼工程塔吊拆卸过程中，塔吊司机违章开动塔吊回转，结果塔吊大臂折断，汽车吊的起重臂压向下方的塔吊驾驶室，导致塔吊司机死亡。

风险因素⑤：拆装人员违章进行安装、加节、拆除作业的，塔吊司机仍配合作业，有发生塔吊倒塌的危险。

应对措施：拆装人员违章进行安装、加节、拆除作业的，塔吊司机应立即制止，并拒绝配合作业，同时报告上级部门。

事故案例：2017 年 7 月，某工程，在塔吊本身存在安全隐患的情况下，安拆人员酒后违规进行顶升作业，最终导致内塔身滑落，塔臂发生翻转解体，塔吊倾覆坍塌，造成 7 人死亡。

风险因素⑥：塔吊操作手柄归零保险人为失灵，玻璃视线人为遮挡，空调和大功率电气长期不关，有发生起重伤害、发生火灾的危险。

应对措施：司机室内必须配备适用于油、电器等着火的灭火器，并确保灭火器处于有效状态。禁止手柄限位人为短接，驾驶室视线必须开阔，下班时关掉总电源，制动打开。

事故案例：2017 年 6 月，某工地塔吊空调和大功率电气长期不关，发生火灾。利用 12 吨水罐车上的车载高压水炮对火势进行压制，同时通知正在塔吊上作业的操作工，趁着火势减小赶紧从塔吊上下来。随着第一步作战计划成功，操作工顺利逃出驾驶舱，现场指挥员大大松了一口气，随后命令一个战斗班的消防官兵出动一支水枪，由下往上，加大水压，经过 15 分钟持续不断的高压射水，大火终于被扑灭。

十、门式起重机司机

扫码学习

风险因素①：无出厂产品合格证的门式起重机，容易造成机械伤害和倾覆。

应对措施：门式起重机必须有出厂合格证。

事故案例：2012 年 3 月，某市一地铁工程，杨某无证操作一台无产品合格证的门式起重机，突然支腿断裂，发生倾覆，致使杨某当场死亡。

风险因素②：门式起重机安装前未办理安装告知，安装后未经第三方检测，未经验收投入使用。

应对措施：

（1）门式起重机安装前必须到所在地级市安全监督管理部门办理安装告知。

（2）安装完成后，必须经第三方检测出具合格报告并报相关方进行共同验收，合格后，张挂标识标牌及验收牌。

（3）使用前必须到所在地级市安全监督管理部门办理使用登记牌。

事故案例：2000 年 6 月，一地铁工程安装一台门式起重机，未办理安装告知，安装完成后未经第三方检测及相关方验收，未办理使用登记牌，就擅自投入使用。后起重机主梁突然断裂，发生倾覆，致使多人伤亡。

风险因素③：行走轨道或走台有人，造成机械伤害。

应对措施：

（1）门式起重机启动前必须打铃。

（2）门式起重机行走轨道或走台进行隔离屏蔽，严防无关人员入内。

（3）门式起重机必须确保行走轨道或走台无人时方可启动。

（4）门式起重机使用过程中必须指派专人旁站监督。

事故案例：2008 年 12 月，某港口一门式起重机司机张某在启动门式起重机时，未打铃，行走轨道无屏蔽措施，且无专人旁站监督，装卸工吴某未离开行走轨道，司机张某在发现装卸工吴某未离开轨道时立即刹车，可为时已晚。装卸工吴某当场死亡。

风险因素④：违反十不吊。

应对措施：

（1）超过负荷不吊：物体重量超出起重机的负载时不能吊运。

（2）光线暗淡不吊，重量不明不吊。

（3）吊索和附件捆绑不牢不吊。

（4）行车吊挂重物直接进行加工时不吊；吊运中的重物不能进行加工，如果要进行加工，要先将重物落地。

（5）歪拉、斜挂不吊：将要吊运的物品如果没有摆放整齐端正，司机不能操作起重机。

（6）工件上站人或工件上放有活动物体的不吊；工件上站有活动物体的时候，会有很大的安全隐患，此时不能操作机器。

（7）氧气瓶、乙炔发生器等具有爆炸性物品不吊：易爆品有安全隐患。

（8）带棱角、块口物体尚未垫好（防止钢丝绳磨损或割断）不吊。

（9）埋在地下的物体未采取措施不吊：埋在地下的物体，因为有很多未知情况，所以不能吊运。

（10）指挥信号不明、违章指挥不吊，司机操作起重机的时候要严格听从指挥。

事故案例：某工程，张某操作门式起重机起吊重物时，因吊物捆绑不牢，掉落砸到下方赵某，导致赵某当场死亡。

风险因素⑤：门式起重机结构上部临边无防护。

应对措施：

（1）门式起重机结构上部临边处必须设置防护栏杆。

（2）登高作业人员必须佩戴好个人防护用品（安全帽、安全带）。

（3）加强员工安全知识培训，提高员工自我安全防患意识。

（4）加强日常监管，杜绝高空作业不系安全带的违章作业行为。

事故案例：某厂门式起重机司机李某在检点主梁时，登高作业不系安全带，违章操作，不慎从主梁30米高处坠落至地面，直接身亡。

风险因素⑥：未定期检查，零部件损坏（如制动器失灵、制动器故障、钢丝绳绳卡松动），取物装置事故（吊钩冲顶，吊钩相撞，吊钩钢丝绳脱槽，龙门梁脱钩，吊物工具脱出，绳索断裂）。

风险点：机械伤害、倾覆、物体打击。

应对措施：

（1）加强各安全装置、索具吊钩的日常检查，确保处于灵敏、完好的工作状态。确保制动器灵敏，索具无断股断丝，钢丝绳绳卡无松动。严禁带病作业。

（2）使用过程做好设备维保记录，发现零部件松动、损坏，及时紧固或更换并做好记录。

（3）吊物下方严禁站人，吊物严禁从人员上方行走或停留。

事故案例：某厂门式起重机长期未检查，各构件锈蚀老化，钢丝绳断股也未更换。某日司机林某在启动门式起重机吊装作业时，钢丝绳突然发生断裂，导致一人被砸身亡。

风险因素⑦：门式起重机与外电未保持安全距离或无屏蔽措施，有触电和设备倒塌的风险。

应对措施：

（1）门式起重机必须与外电保持安全距离。

（2）对可能引起触电的设施设备进行隔离或屏蔽。

（3）严禁非电工人员从事与电气有关的作业。

（4）电气外壳可导电部分必须做好保护接零措施。

风险因素⑧：下班未切断电源，抗风防滑装置未加紧轨道。

应对措施：司机下班必须将变幅调到最小幅度，钩头升到顶端，回转刹车刹好，切断电源，夹好夹轨器。

事故案例：某厂门式起重机司机张某在下班后未关闭电源，未将夹轨器锁死，正好第二天刮大风，导致门式起重机倾覆，造成多人被砸身亡。

十一、吊篮作业工

扫码学习

风险因素①：擅自组装吊篮或使用无出厂产品合格证的吊篮，有高处坠落、物体打击的风险。

应对措施：吊篮、提升机、安全锁、安全绳、钢丝绳必须要有产品合格证方可投入使用。

事故案例：2012 年 5 月，某在建工地两名涂料工人在 10 楼从事外墙涂料施工时，无出厂产品合格证的吊篮突发故障，发生侧翻，两位工人从高空的吊篮内甩出，一名工人当场身亡，另一名工人摔在死者身上，多处肋骨断裂，身受重伤。

风险因素②：安装未经第三方检测，未经验收擅自使用。有高处坠落、物体打击的风险。

图 2.53　吊篮安装需检测合格

应对措施：吊篮安装完成后必须邀请第三方检测机构对其进

行检测，并出具合格报告，再由安装单位、使用单位、总包、监理进行共同验收；合格后，编号挂牌，方可投入使用。

事故案例：2007 年 4 月，一在建工地安装吊篮后未经第三方检测，也未经验收就擅自使用。6 名农民工乘坐吊篮施工时，吊篮的一根钢丝突然断裂，6 人从三楼高处摔下，均严重受伤，其中一人抢救无效死亡。

风险因素③：日常维保不到位（钢丝绳、限位板、安全绳、安全锁、限位器、自锁器）损坏失灵；悬挂机构螺栓脱落、配重未上锁挪移；有高处坠落、物体打击的风险。

应对措施：

（1）检查吊篮钢丝绳、限位板、安全绳、安全锁、限位器、自锁器是否完好，发现损坏及时更换。

（2）作业前检查配重有无上锁；严禁挪移。

（3）检查悬挂机构连接螺栓有无松动脱落。每周做好维保记录，确保各部件灵敏可靠，严禁使用带病的吊篮从事作业。

图 2.54　检查吊具是否损坏

事故案例：2007 年，某在建工地由于建筑结构不规则，两个悬挑机构距离过大，机构一侧悬挑端突然弯曲，致使吊篮悬吊平台严重倾斜，所幸吊篮平台两人均按要求将安全带系挂在自锁器的安全绳上，事发 40 分钟后，救援人员成功将 2 名人员救出。

风险因素④：使用吊篮载放物料或工具未装袋，踢脚板高度不足或吊篮作业下方未设置警戒区域、未张贴警示标识或未指派专人监护，有物体打击的风险。

应对措施：

（1）吊篮四周必须设置踢脚板且不得低于 60 厘米。

（2）吊篮作业下方必须设置警戒区域，严防无关人员进入物体打击范围。

（3）作业警戒区需张挂警示标识并指派专人监护。

（4）设置工具袋、工具桶或绳套防止工具掉落。

（5）禁止使用吊篮载放物料。

事故案例：2016 年，某在建工地吊篮在高空作业下方未设置警戒区域，未张挂警示标识，未指派专人监护，吊篮操作工不慎将一物件掉落至地面，砸中一路过人员，致其死亡。

风险因素⑤：吊篮作业人员未持证上岗，高空作业未系安全带或系挂不正确，有高处坠落的风险。

应对措施：

（1）吊篮作业人员必须持证上岗。

（2）吊篮高空作业人员必须按规定佩戴好个人防护用品。

事故案例：2017 年，某市在建工地 2 名吊篮高空作业人员未按要求佩戴个人防护用品，一人将安全带刷挂在吊篮上，一人未系安全带，突然吊篮钢丝绳断裂，2 名作业人员直接从 13 层落至地面死亡。

图 2.55　起吊需专人指挥、监护

图 2.56　吊篮作业不能超 2 人

风险因素⑥：吊篮作业人员违章从空中上下，有高处坠落的风险。

应对措施：禁止吊篮作业人员从空中上下。

图 2.57　严禁吊篮作业人员空中上下

事故案例：2013 年，某在建工地 1 名吊篮高空作业人员张某在吊篮与 12 层阳台之间跨越时，不小心从 19 米高处坠落至 5 层天台，经抢救无效死亡。

风险因素⑦：吊篮启动后，未进行升降吊篮运转试验。确认吊篮运转正常后方可作业。有高处坠落的风险。

应对措施：吊篮启动必须在 2 米以下高空进行试运转，在确认各机构部件正常情况下，方可进行作业，严禁吊篮带病使用。

图 2.58　使用吊篮前需进行运转实验

事故案例：2008 年，某在建工地 1 名吊篮作业人员在启动吊篮后，未作试运转，吊篮升至 100 米高空突发故障，发生侧翻，导致作业人员从 100 米高空坠落死亡。

风险因素⑧：吊篮超载（3 人），存在高处坠落风险。

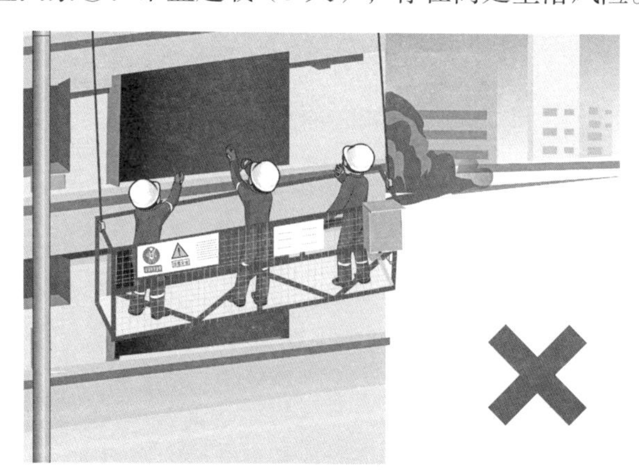

图 2.59　禁止超载作业

应对措施：禁止吊篮超载（最大限载 2 人）。

事故案例：2003 年，某在建工地 4 名作业人员同乘一台吊篮（超过吊篮额定荷载），吊篮升至 20 米高空时，钢丝绳突然断裂，发生侧翻，导致 4 名作业人员从 20 米高空坠落死亡。

十二、电梯司机

扫码学习

风险因素①：电梯机械未按规定维修保养，以及发生故障未彻底排除仍继续运行，有发生起重伤害的风险。

应对措施：电梯机械应按规定维修保养，发生故障未彻底排除前应停止运行。

事故案例：2005 年 7 月，某房建工程中电梯的电缆导线架由于缺乏维修保养，发生断裂后从 50 米高处坠落，击中在施工电梯附近作业的 1 名工人，该工人经抢救无效死亡。

风险因素②：施工电梯司机无证上岗；工作前未检查电梯螺栓的坚固情况，横竖支撑、钢丝绳及滑轮、传动系统、电气线路等情况；超载、超员，有发生起重伤害的风险。

应对措施：施工电梯司机必须持证上岗，工作前应检查电梯螺栓的坚固情况，横竖支撑、钢丝绳及滑轮、传动系统、电气线路等情况。严禁超载、超员，运载货物应做到均匀分布，防止偏载，物料不得超出梯笼之外。

事故案例：2012 年 9 月，某项目 19 名工人擅自开启施工电梯，当施工电梯升至顶部接近平台位置时，此处电梯导轨架连接处的 4 个连接螺栓，有两个没有螺母，无法受力。只能承载 12 人的电梯，事发时承载了 19 人和 245 公斤的物件，严重超载，造成吊笼倾翻，吊笼、导轨架坠落，吊笼内的 19 名工人全部死亡。

十三、挖掘机司机

扫码学习

风险因素①：使用无出厂产品合格证的挖掘机，有机械伤害与倾覆的风险。

应对措施：挖掘机进场前，必须要有产品合格证；司机必须持证上岗，作业前必须对周围作业环境进行勘察，确认无地下管线，并进行入场教育、安全技术交底。

图 2.60　使用合格挖掘机，持证上岗

事故案例：2004 年 2 月，某项目，周某无证且驾驶出厂不合格的挖掘机，因挖掘机突发故障而倾覆，导致周某当场死亡。

风险因素②：未分层开挖，有坍塌、倾覆的风险。

应对措施：土方开挖时，必须严格按照施工方案从上到下分层开挖，严禁掏挖、超挖。

事故案例：某项目胡某在土方开挖作业过程中，未严格按照土方开挖施工方案从上往下分层开挖且掏挖，导致土方坍塌，挖机倾覆，胡某被挤压至死。

图 2.61　土方开挖需分层开挖

风险因素③：沟、槽、边、坡开挖距离过近，有坍塌、倾覆的风险。

应对措施：沟、槽、边、坡开挖，挖机必须与沟、槽、边、坡保持 2 米以上安全距离。

图 2.62　严格按照施工方案开挖

事故案例：2003 年 9 月，某项目，张某在一处山体从事土方开挖施工过程中，因挖机靠边坡太近，开挖过程中，土体失稳，挖机侧翻，导致张某身受重伤。

风险因素④：熄火未将铲斗放下，易造成机械伤害。

应对措施：

（1）挖机操作工在离开驾驶室时，必须将挖机熄火，关闭电源，铲斗放至地面。

（2）将操纵杆等的安全锁锁住。

事故案例：2012 年 5 月，某项目挖掘机司机在挖掘机未熄火、安全锁装置未锁定的情况下，身体的臀股部位压到了挖掘机右侧操作控制拉杆，致使挖掘机大臂瞬间向下降落，造成自己和他人当场死亡。

风险因素⑤：坡上转弯，容易造成倾覆。

应对措施：

（1）严禁坡上转弯。

（2）做好工人安全技术交底。

（3）加强操作工人岗位技能知识培训。

（4）严禁违章冒险作业。

（5）上下坡时要把铲斗放在行走方向，离地高度约 0.5 米至 1 米。

图 2.63　严禁在坡上转弯

事故案例：2005年，某地区一挖机操作工驾驶挖机时，发现上坡无法完成，遂在坡上转弯，结果挖机当即侧翻，车身泵室严重变形，挖机操作工轻微脑震荡。

风险因素⑥：作业前未对机械进行检查，有发生火灾的风险。

应对措施：挖机启动前应对刹车、安全装置进行检查，发现问题及时维修，严禁带病操作。

事故案例：2005年，某地区一挖机操作工在启动挖机前，未对设备进行检查，作业过程中突发油路故障，车辆起火燃烧。

风险因素⑦：开挖范围有人，铲斗、履带站人，易发生机械伤害。

应对措施：

（1）挖掘机作业过程中，禁止任何人员在回转半径范围内或铲斗下面工作停留或行走。

（2）挖掘机作业区域应设置警戒区域。

（3）挖掘机司机离开后必须熄火，拔掉钥匙，防止无关人员操作或空挡启动。

（4）严禁履带、铲斗站人工作。

（5）配备专人指挥。

事故案例：某地区挖机操作工在进行回转时，履带的破损处勾到了稍微翘起来的铁板端部，因为履带是逆向回转的，所以铁板被挂了起来，站在铁板上的工作人员翻倒在地，这时铁板从履带脱落砸在工作人员身上，直接致其死亡。

风险因素⑧：酒后作业，有机械伤害、倾覆的风险。

应对措施：

（1）严禁酒后作业。

（2）加强员工安全知识培训，强化安全意识。

（3）加强安全检查，严防酒后作业。

事故案例：2015 年 1 月，某项目挖机操作工刘某中午在工友家吃午饭并饮酒。午饭后，刘某继续驾驶挖机作业，在施工中违章操作，导致挖机侧翻。刘某身受重伤。

十四、汽车吊司机

扫码学习

风险因素①：起重机行驶和工作的场地承载力不够，导致汽车吊支腿下陷造成侧翻，或由于支腿未按要求打开，起重能力大幅降低导致侧翻。

应对措施：起重机行驶和工作的场地应平坦坚实，履带式起重机停放地面应铺设路基，轮式起重机作业前需将支腿垫实和调整好。

图 2.64　起吊前保证路基稳固

事故案例：2017 年 7 月，某市一台大型吊车侧翻，吊臂砸中路过的一辆小型客车，造成 7 人死亡、3 人受伤。

风险因素②：吊运载荷时，从人员和安全通道上方通过，人员站在车臂下方或在起重机械作业半径内逗留，造成物体打击事件。

应对措施：吊装作业应设置专人监护和检查、专人指挥，并设置安全警示标识和警戒带，所有人员严禁在起重臂和吊起的重物下方停留或行走。

图 2.65　严禁在起重臂和吊起的重物下方停留或行走

事故案例：2010 年 8 月，某集装箱码头在进行集装箱吊运过程中，操作人员李某站于集装箱下部操作，吊车司机视线被集装箱挡住，下放集装箱过程中压住李某，导致李某当场死亡。

风险因素③：吊车司机操作不规范，导致吊物散落或侧翻，造成物体打击。

应对措施：起重机操作人员、起重信号工、司索工等特种作业人员必须持特种作业资格证书上岗，作业前应按规定进行安全技术交底，吊装过程信号不明不得起动，吊运易散落物件应使用吊笼。

事故案例：2017 年 10 月，某地区一台吊车因操作不慎发生侧翻，砸中附近停靠的两台汽车。

风险因素④：大雨、大风、大雾等特殊天气仍进行吊装作业，造成侧翻或物体打击事件。

应对措施：如遇大雨、大雪、大雾和六级以上的大风天气，应停止起重工作，并将臂杆降低到安全位置。

风险因素⑤：起重机械荷载限制、行程限位等安全装置失效，造成物体打击事件。

应对措施：定期对汽车吊安装装置进行检查，作业前，应确保各项安装装置灵敏可靠。

事故案例：2002 年 4 月，某工程项目汽车吊无高度限位器，起重机发生冲顶后倒向路面，造成 2 名行人死亡、1 人重伤。

十五、土方机械司机

扫码学习

风险因素①：土方机械在行驶中传递物品，造成人员摔倒；机械在斜坡上转弯、倒车，易造成车辆侧翻；空挡下坡造成车辆制动失效及制动不及时伤人。

应对措施：行驶中人员不得上下机械和传递物件；禁止在陡坡上转弯、倒车和停车；下坡不准空挡滑行。

事故案例：2016 年，某建筑工地前期道路平整。由于道路坡度较大，土质松软，在转弯过程中，司机卢某未及时减速，车辆驶入松软土区域，造成倾覆事故，卢某被装载机压住，当场死亡。

风险因素②：土方机械司机无证上岗作业，造成机械误操作，出现安全事故。

应对措施：土方机械司机上岗前必须经专业培训，合格取证后方可持证上岗作业。

事故案例：为了便于施工现场内土方倒运，某项目分包单位临时租用一台 50 铲车倒运土方。铲车司机常某（无证上岗）在铲起一车土方倒运槽边时操作失控，导致铲车突然向基槽窜出，掉入槽内。铲车驾驶室严重变形，常某被卡在驾驶室内；后调来汽车吊将铲车从槽内吊出，但常某在全力抢救无效后死亡。

风险因素③：土方机械设备在使用前未进行维护、检查，易出现设备带病作业，出现车辆事故。

应对措施：土方机械必须检查各传动、制动和机械整体性能是否正常可靠之后，才能进行土方作业。

图 2.66　使用前检查机械性能是否正常

事故案例：2014 年，某工地在场地平整过程中，车辆刹车制动系统故障导致装载机直接冲入 3 米深的深坑内，土方司机因出血过多而不治身亡。

风险因素④：土方机械在作业过程中掏挖，易造成土体坍塌掩埋作业人员；机械斜坡作业易因设备单向受力过大导致倾覆。

图 2.67　严禁掏洞挖掘

应对措施：土方机械在操作中，严禁掏挖和在斜坡上进行挖掘作业。

事故案例：建筑破拆时，违反操作规程作业，掏空建筑物下部承重结构，造成楼房倒塌事故。

风险因素⑤：土方车司机酒后作业，造成误操作或事故；土方车辆出场未冲洗干净，造成市政道路污染。

应对措施：土方车司机严禁酒后驾车；车辆必须冲洗干净后出场，避免污染市政道路。

图 2.68　土方运输车辆需冲净出场

风险因素⑥：土方车驾驶人员违反交通法规，造成交通事故；超速超载行驶造成安全事故。

应对措施：土方车司机驾驶车辆，应严格遵守各项交通法规，严禁超速超载等违法行为。

事故案例：2003 年 2 月，某市政工程土方作业。土方机械司机驾驶推土机行走在未修好的施工便道上，因路面下陷，推土机侧翻，土方机械司机被压身亡。

图 2.69　严禁超载、超速

十六、桩机工

扫码学习

风险因素①：桩机工未经培训无证上岗，作业过程中违章作业和违章指挥等。

应对措施：地下各种桩机操作人员必须在培训考试合格、取得操作证后，凭操作证上岗，严禁无证操作。

图 2.70　持证上岗

事故案例：2012 年 4 月，房建工程桩机班的 1 名辅助工兼学徒，在没有取得特种作业操作资格证的情况下，发动并驾驶桩机移动了一米左右，因技术不熟练，很快将旋挖桩机误驶入地面承载力不足的区域并发生侧翻，砸塌了隔壁建筑工地的工人宿舍，造成 1 人死亡。

风险因素②：桩机工起吊作业过程中斜拉斜吊，造成吊物在重力作用下产生偏移，撞伤或挤伤作业人员。

应对措施：吊桩应按起重工操作规程操作，吊预制桩时，严禁斜拉、斜吊。

错误吊装

歪拉斜吊

在高压线下起吊

在光线昏暗的环境下起吊

图 2.71　严禁斜拉斜吊

事故案例：2017 年 2 月，某房建桩基础工程在进行吊运预应力管桩桩头过程中，桩头倒塌，造成一名工人被砸伤，后经抢救无效死亡。

风险因素③：人工挖孔桩作业人员下井时，未对井下进行有毒气体检测，造成人员中毒。

应对措施：人工挖孔桩在作业前，应对孔下作毒气检测，在作业过程中应加强孔内通风。

事故案例：2016 年，某市一在建工地在进行人工挖孔桩作业过程中，由于孔下爆破后未全面彻底通风，人员下井作业造成人员中毒，其中一人因抢救不及时而死亡。

风险因素④：人工挖孔桩作业过程中，井上作业人员未佩戴安全带，有人员坠落伤害风险；井下作业人员未佩戴安全帽，有高处物体打击风险。

应对措施：人工挖孔桩施工中，孔上、孔下人员应佩戴好安全防护用品佩戴，确保防护措施齐全有效，保证作业人员施工过程中的人身安全。

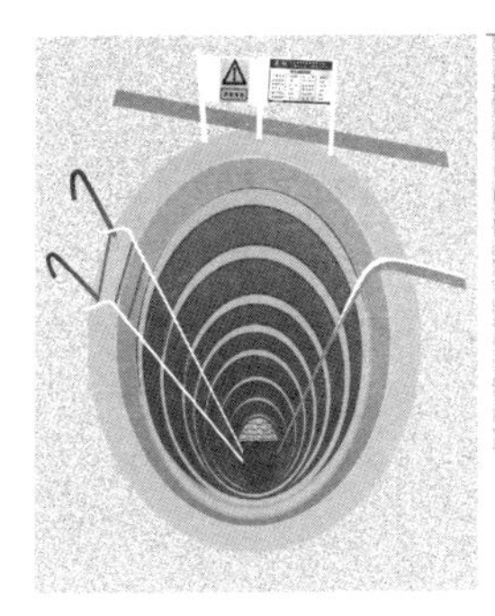

1. 孔口护栏　6. 爬梯
2. 标示标牌　7. 通气管
3. 孔口护圈　8. 月牙板
4. 作业平台　9. 出渣桶
5. 安全带

图 2.72　佩戴好防护用品、设置防护措施

事故案例：2017 年，某市一在建工地在进行人工挖孔桩作业过程中，孔上操作人员未佩戴安全带且无任何防护措施，结果在操作过程中出现失误，人员坠落至 10 米深井底，造成 1 死 1 伤的安全事故。

风险因素⑤：冲孔灌注桩作业人员未正确佩戴安全帽，存在吊物坠落打击风险。

应对措施：操作人员必须正确佩戴安全帽和其他劳保用品。

事故案例：2016 年，某市政工程桩基础施工，在桩机移机过程中进行，桩锤吊装安装，由于吊车吊物存在斜拉现象，吊物起吊后摆动弧度过大，不慎撞倒周边闲聊人员卢某，造成卢某重伤（头部内出血）。

风险因素⑥：冲孔灌注桩作业中天轮钢丝绳滑脱，作业人员爬上桅杆进行处理，存在高空坠落风险。

应对措施：冲孔桩作业过程中，严禁擅自爬上桅杆上部进行作业。

事故案例：2016年，某市政工程桩基础施工中，冲孔桩机操作人员小王在作业过程中操作失误，桩锤钢丝绳从天轮中脱槽。为了不耽误工期，小王在无任何防护措施的情况下，擅自爬上桅杆进行操作，不慎掉落地面，造成脚部及手部多处骨折。

风险因素⑦：冲孔灌注桩作业过程中，由于泥浆池周边未设置临边防护栏杆等措施，作业人员存在溺亡风险。

应对措施：冲孔桩作业过程中，泥浆池周边应设置可靠且满足安全要求的防护栏杆，并挂设安全警示牌，夜间设置安全警示灯。

事故案例：2012年，某工地发生一起溺亡事故。事故主要是因为冲孔桩泥浆池周边未设置任何防护措施，操作人员薛某在泥浆泵堵管时，脚底打滑，摔至2.8米深的泥浆池中溺亡。

风险因素⑧：冲孔灌注桩作业过程中，控制箱内电缆乱接乱拉或移机过程中撞触高压或架空线缆，导致人员触电事故。

应对措施：加强对设备用电的定期巡查，禁止用电设备线缆乱接乱拉；电源电线必须架空拉设，移动机架不准碰触高低压电线，不得在高低压电线下进行冲桩和吊放钢筋等施工作业。

事故案例：2014年，某市政建筑公司项目冲孔桩机操作工王某，由于桩机上控制箱老旧，电缆接线零乱，部分电缆多处破皮，在进行泥浆泵接线过程中，触碰到电缆破皮裸露芯线，导致触电事故。经送医诊断，王某全身大面积灼伤，手臂截肢。

十七、电焊工

扫码学习

风险因素①：作业人员未经培训，无证上岗，有发生火灾的风险。

应对措施：进入施工现场必须遵守安全操作规程和安全生产纪律，特种作业人员必须持证上岗。

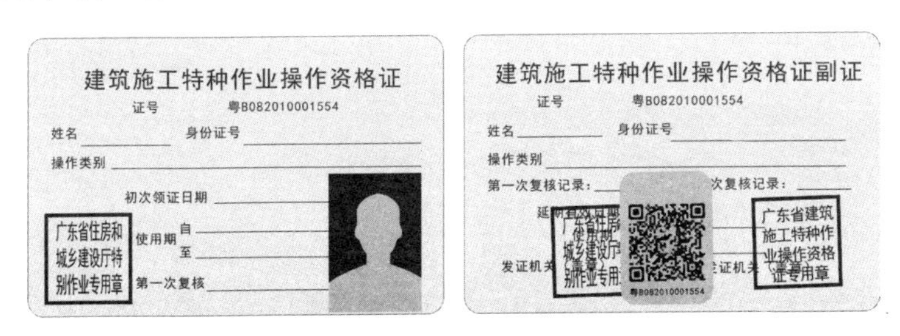

图 2.73　特种作业持证上岗

事故案例：某消防民警在进行消防安全巡查时，发现一男子正在使用电焊机烧焊的方式进行明火作业，现场火花四溅，周边还堆放有纸皮等可燃物，且没有设置任何消防设施和器材，极易发生火灾。民警立即上前制止。经现场调查，该名男子未取得电焊证，且对进行明火作业相关消防安全知识一无所知，违反《中华人民共和国消防法》第六十三条第二款之规定，警方依法对该男子处以拘留 2 日的处罚。

风险因素②：电焊、气割不遵守“十不烧”规程操作，有发生火灾、爆炸的风险。

应对措施：电焊、气割严格遵守“十不烧”规程操作。

事故案例：某焦化厂 2 名焊工对已关闭 6 个月的老 3 号储苯

罐进行接长出口管道和装设避雷针电焊作业，电焊后突然发生爆炸，造成死亡 3 人的重大事故。

施工现场焊割“十不烧”

一、焊工未经培训、无特种作业人员安全操作证，不得进行焊割作业。

二、凡属一、二、三级动火范围的焊割作业，未经审批办理动火手续，不准进行焊割作业。

三、焊工不了解焊件内部是否安全时，不得进行焊割工作。

四、焊工不了解焊割现场周围情况，不得盲目进行作业。

五、各种装过易燃、易爆、有害物质的容器，未经彻底清洗和排除危险前，不准进行焊割作业。

六、用可燃材料做保温层、冷却层隔声或隔热设备的部分，或火星能飞溅到的地方，在未采取切实可靠防火安全措施前，不准焊割。

七、有压力或密闭的管道、容器，不准焊割。

八、焊割部位附近有易燃爆物堆放，未做清理或未采取有效安全措施前，不准焊割。

九、附近有与明火作业相抵触的工种在作业时，不准焊割。

十、与外单位相邻部位，未弄清有无危险前不准焊割。

图 2.74　焊割“十不烧”

风险因素③：操作前未检查所有工具、电焊机、电源开关及线路是否良好，有触电的风险。

应对措施：操作前应检查所有工具、电焊机、电源开关及线路是否良好，金属外壳应有安全可靠接地，进出线应有完整的防护罩，进出线端应用铜接头焊牢。焊机与开关箱距离不大于 3 米，二次线不大于 30 米，保险丝的熔断电流应为该机额定电流的 1.5 倍，严禁用金属丝代替保险丝，并配专用触电保护器。

事故案例：某厂点焊工甲和乙进行铁壳点焊时，发现焊机一次引线圈已断，电工只找了一段软线交乙自己更换。乙换线时，发现一次线接线板螺栓松动，便使用扳手拧紧（此时甲不在现场），然后试焊几下就离开现场。甲返回现场后，未了解情况便开始点焊，结果只焊了几下就大叫一声倒在地上。工人丙立即拉闸，但甲还是未能抢救过来。

原因分析：

（1）接线板烧损、线圈与外壳之间没有有效的绝缘而引起短路。

（2）焊机外壳没有保护接零。

风险因素④：操作时未戴手套，未穿绝缘鞋，未戴防护眼镜、防护罩，有触电的风险。

应对措施：焊钳与把线必须绝缘良好，连接牢固，更换焊条必须戴手套，必须穿绝缘鞋，戴防护眼镜、防护罩。

图 2.75　电焊作业需做好安全防护

事故案例：某造船厂有一位年轻的女电焊工在船舱烧电焊，因船舱内温度高而且通风不好，身上大量出汗，焊工帆布工作服和皮手套很快湿透。此时焊工没有采取其他措施，而是直接更换焊条，一不小心触及焊钳口，焊工痉挛后仰面跌倒，焊钳恰好落在颈部。焊工未能摆脱而造成电击，事故发生后经抢救无效而死亡。

原因分析：

（1）焊机的空载电压较高，超过了安全电压。

（2）船舱内温度高，焊工大量出汗。人体电阻降低，触电危险性增大。

（3）触电后未能及时被发现，电流通过人体的持续时间较长，心脏、肺部等重要器官受到了严重破坏。

风险因素⑤：电源的拆装未由电工进行，有触电的风险。

应对措施：电焊机外壳必须接零接地良好，电源的拆装应由电工进行。现场使用的电焊机应设有可防雨、防潮、防晒的机棚。每台电焊机要设置漏电断路器和二次空载降压保护器（或触电保护器），应放在防雨的电箱内，拉合闸时，应带手套侧向操作，电焊机进出线两侧防护罩完好。

图 2.76　电焊作业防触电措施

事故案例：1998 年 10 月，焊工某在宿舍外进行电焊作业，焊机接线时因无电源插座，便自己将电缆每股导线头部的漆皮刮掉，分别弯成小钩挂接到配电箱。由于错把电焊机保护零线接到电箱的火线上，当焊工用手触及外壳时，即遭电击身亡。

风险因素⑥：施焊场地周围及下方，未清除可燃、易燃物品。高处施焊时，未在焊点下方设置接火斗，有发生火灾的风险。

应对措施：施焊场地周围及下方，要先清除可燃、易燃物品，高处施焊时，在焊点下方设置接火斗，并设置警戒线，不准行人通过或停留，指定专人带灭火器进行监护；工作结束后，应切断焊机电源，并检查操作地点确认无起火危险后，方可离开。

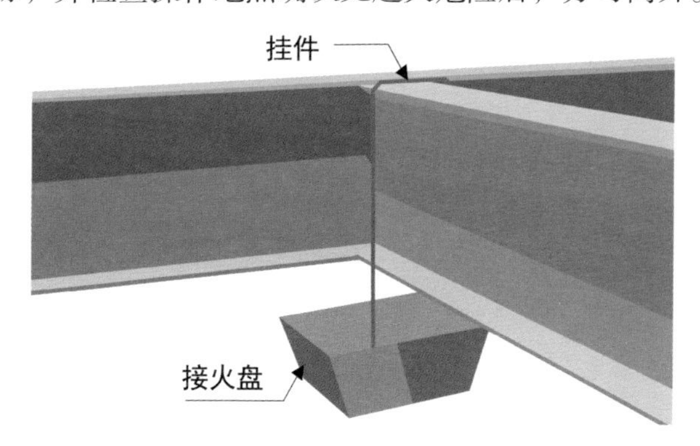

图 2.77 电焊作业需设置接火盘

事故案例：某大礼堂大修时，气割工某上屋顶进行钢屋架拆除切割作业，由于熔渣落下，引燃下面存放的废料、油毛毡等物引起火灾，待别人发觉时火势已猛，烧毁了整个礼堂。

原因分析：

（1）违反高空焊割作业规定。

（2）未做焊割前的准备工作。

风险因素⑦：清除焊渣时，正面对着焊渣，未佩戴防护眼镜，有物体打击的风险。

应对措施：清除焊渣时，不能正面对着焊渣，并要佩戴防护眼镜。

事故案例：1965 年 9 月，某厂工人用风铲清理工件焊缝时，毛刺飞起，打入左眼，重伤失明。

原因分析：

（1）操作方法不当，致使焊缝毛刺打入眼睛。

（2）工人未戴安全防护镜。

风险因素⑧：高处作业时未挂设安全带，有高处坠落的风险。

应对措施：高处作业时应挂设安全带，并保证安全带完好。

事故案例：某厂有位电焊工在 12 米高的金属结构上焊接，为安全起见，登高时带着尼龙安全带上去。在施焊过程中，安全带被角钢缠住。当电焊工转身去解开时，尼龙安全带被高温的焊缝烧断，结果从高处坠落，造成终生残疾。

十八、防水工

扫码学习

风险因素①：在密闭空间施工，未确认有无瓦斯、毒气、易燃易爆物或酸类等危险品，有中毒、爆炸的风险。

应对措施：在地下室、基础、池壁、管道、容器内等密闭空间内施工前，应先进行检查，确认无瓦斯、毒气、易燃易爆物或酸类危险品等。进行有毒、有害的涂料防水作业，应定时轮换间歇，通风换气。

图 2.78　密闭空间作业需通风换气

事故案例：2002 年 6 月，某工地的地下室构造坑做防水施工，因空间狭窄没有通风措施，两名工人中毒死亡。

风险因素②：使用沥青热熔及卷材热铺法施工时，会涉及动火作业，有发生火灾的风险。

应对措施：使用沥青热熔及卷材热铺法施工时，涉及动火作业，应严格按消防注意事项施工。

事故案例：2008 年 11 月，某体育馆屋顶东南侧发生火灾，过火面积 1284 平方米。火灾原因为施工人员在屋面做天沟防水工程施工时，使用汽油喷灯热熔防水卷材，高温火焰引燃可燃物。

风险因素③：防水施工时有大量防水材料属于易燃化学品，存放不当有火灾风险。

应对措施：防水施工时有大量防水材料属于易燃化学品，需注意材料集中存放，按要求单独集中封闭储存。

事故案例：2013 年 6 月，某公司发生火灾，火灾共造成 121 人遇难，76 人受伤。事故原因为主厂房部分电气短路，引燃一层地面上的聚氨酯防水涂料。事故共追究 19 名相关责任人刑事责任。

风险因素④：地下室外墙防水作业、屋面防水施工时有发生高处坠落的风险。

应对措施：地下室外墙防水作业及高处防水堵漏作业基本是高处作业，屋面防水施工时涉及临边作业。进行这些作业，需严格遵守高处作业规范。

事故案例：2005 年 10 月，某工程别墅屋顶进行防水补漏。施工过程中，防水工的竹梯突然失稳倾斜，防水工从 8 米高处坠落死亡。

风险因素⑤：外墙保护层大量使用聚苯板，极易着火，且会产生大量浓烟，有人员中毒和发生火灾风险。

应对措施：外墙保护层大量使用聚苯板，极易着火，且会产生大量浓烟，作业前应与防水热铺作业分开，作业时严禁携带火源，聚苯板存放区必须严格单独封闭储存。

事故案例：2009 年 2 月，某大厦发生特大火灾，1 人死亡，多人受伤，造成直接经济损失 1.6 亿元。

十九、司索工

扫码学习

风险因素①：吊装用的钢丝绳直接接触棱刃物无保护措施，或钢丝绳有扭结、变形、断丝、锈蚀等异常现象，有钢丝绳断裂，发生起重伤害的风险。

应对措施：棱刃物与钢丝绳直接接触无保护措施不准吊，钢丝绳如有扭结、变形、断丝、锈蚀等异常现象，应及时降低使用标准或报废。

不合格钢丝绳

钢丝绳扭曲变形、断丝、绳股突出、麻芯挤出、磨损锈蚀

合格钢丝绳

钢丝绳应无缺陷、表面光泽滑润

图 2.79　严禁使用不合格的钢丝绳进行吊运

事故案例：2010 年 12 月，某房建工程起重信号司索工用报废的钢丝绳起吊泵管，钢丝绳突然断裂，钢管散落下来，导致 3 名工人当场死亡，一名行人受伤。

风险因素②：吊具使用不合理或物件捆挂不牢，未采取防滑措施，有发生起重伤害的风险。

应对措施：吊具使用不合理或物件捆挂不牢不吊，使用钢丝绳吊装时，应将被吊物绑扎牢靠，必要时采取防滑措施。

错误吊装　　　　正确吊装

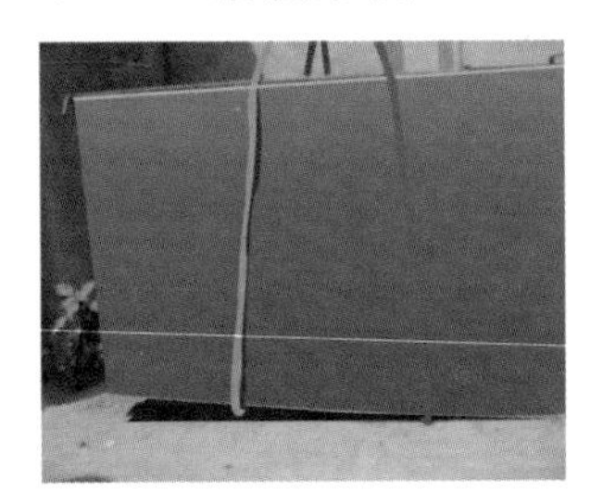

棱角未加保护垫起吊

棱角应采用橡胶保护垫起吊

图 2.80　被吊物绑扎牢靠方可起吊

事故案例：2005 年 7 月，某房建工程破桩作业中用塔吊调运桩头，司索工用钢丝绳捆绑桩头不牢靠，桩头滑落砸中 1 名工人，致其身亡。

风险因素③：散物捆扎不牢或物料装放过满，有发生物体打击、起重伤害的风险。

应对措施：散物捆扎不牢或物料装放过满不准吊。

错误吊装　　　　正确吊装

零散物件不用吊篮起吊

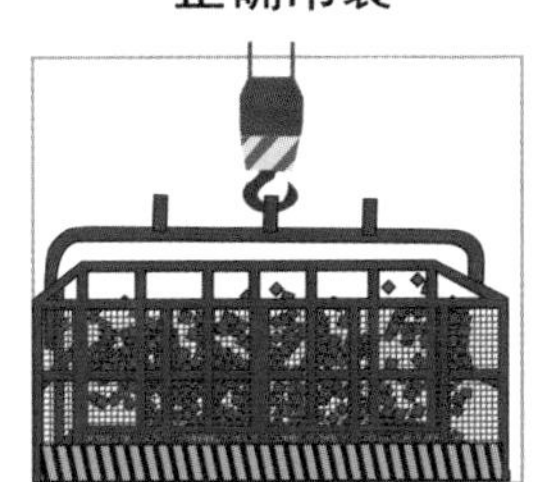

零散材料应使用吊篮

图 2.81　散物捆扎不牢或物料装放过满不准吊

事故案例：2005 年，某房建工程的塔吊吊运加气混凝土块，司索工使用的非专用吊斗在 8 米处发生倾斜，一混凝土块从无封口的吊斗中坠落，造成 1 名工人死亡。

风险因素④：使用低标号卡环或者劣质卡环，有发生起重伤害的风险。

应对措施：不得使用低标号卡环或者劣质卡环。

错误吊装　　　　正确吊装

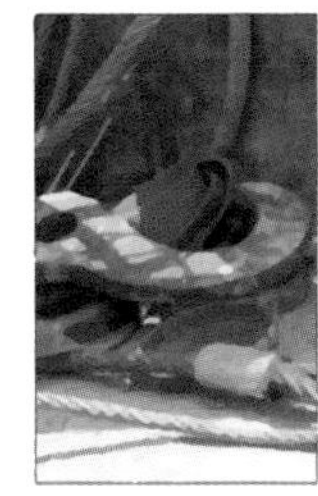

自带吊钩，吊钩严重磨损
无防滑脱绳装置

合格吊钩有额定起重量、产标或
生产厂名、标验标志、生产编号

图 2.82　不得使用低标号卡环或者劣质卡环

事故案例：2017 年某工地电梯安装过程中，司索工使用的卡环不合格，结果在吊装作业过程中，卡环破裂，标准节脱落砸在安全通道上，所幸隔离区无人，未出现人员伤亡。

风险因素⑤：吊点的选择不牢靠，图方便采用物件自带的一些捆绑物件起吊，有发生起重伤害的风险。

应对措施：吊点的选择要牢靠，不得图方便采用物件自带的一些捆绑物件起吊。

事故案例：2017 年某工地，司索工直接将卡环固定在钢筋出厂成捆打包的绑扎带上，汽车吊起吊过程中，绑扎带松开，钢筋散落砸伤装运工刘某。

风险因素⑥：吊物重量不明及埋在地下物、与其他构件有连接，有发生起重伤害的风险。

应对措施：吊物重量不明及埋在地下物、与其他构件有连接不准吊运。

错误吊装

吊物到位后，吊物直接置于地面，不利于吊绳取出，通过吊拉取出在安全隐患

正确吊装

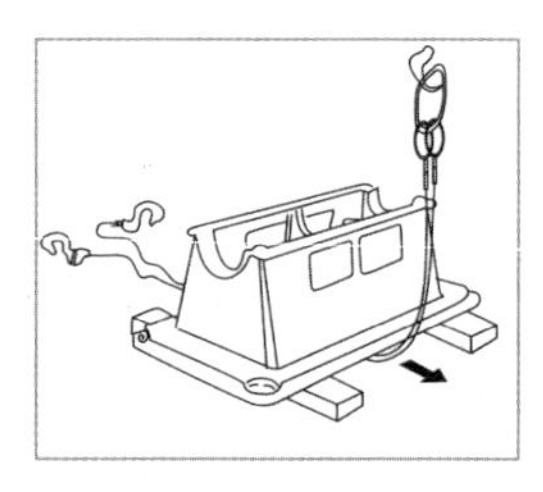

吊物下方挂有绳索，落地前预先在地下放置垫木，以便绳索从被吊物下方抽出

图 2.83　吊物重量不明及埋在地下物、与其他构件有连接不准吊运

事故案例：2016 年某工地，由于成捆的钢筋超重，司索工将其分成两半绑扎。但钢筋中部与另一半钢筋未完全分开，两部分连接在一起，导致超重吊运，而后塔吊司机强行起吊，安全限位装置失效，导致塔吊折臂。

第三章

危险性较大作业典型事故案例

一、雨季施工

扫码学习

1. 雨季预警信号

1）台风应急响应

关注级（白色）：48 小时内可能受热带气旋影响。

应对措施：立即启动应急响应程序，部署并落实应急响应工作。

图 3.1　白色预警信号

图 3.2　蓝色预警信号

Ⅳ级（蓝色）：24 小时内可能或者已受热带气旋影响，平均风力 6 级以上。

应对措施：

（1）立即停止一切高空作业，停止一切高空机械设备运行。

（2）根据主管部门预警信息的要求，视情况决定是否全面停止露天及户外一切作业。

（3）加固或拆除有危险的临时性建筑及临时围挡。

（4）重点巡查现场，检查发现问题的整改情况以及防风防汛措施的落实情况。

（5）排查起重机械、基坑、外脚手架等可能影响居民生活密集区及重点重大民生区域的情况，对评估存在风险或隐患的，应立即向辖区政府及主管部门通报。

Ⅲ级（黄色）：24 小时内可能或者已受热带气旋影响，平均风力 8 级以上。

应对措施：

（1）立即全面停止露天及户外一切作业。

（2）立即做好人员撤离准备工作，提前与辖区应急避险部门联系，落实安置点，准备生活保证必备物资。

（3）立即对地处危险边坡、河道、临近挡土墙等危险区域内的人员安排转移撤离并妥善安置，并妥善安排其他人员留在确保安全的室内避风避雨。

图 3.3　黄色预警信号

图 3.4　橙色预警信号

Ⅱ级（橙色）：12 小时内可能或者已受热带气旋影响，平均风力 10 级以上。

应对措施：

（1）立即全面停止施工现场一切作业。

（2）立即撤离施工现场全部人员至安全地带或避难场所，并提供生活保障必备物资。

（3）除应急抢险工作必需的电源之外，切断施工现场所有临时用电电源。

（4）安排相关人员在保证自身安全的情况下进行施工现场 24 小时应急值守，发现灾情、险情迅速上报，及时处置。

Ⅰ级（红色）：6 小时内可能或者已受热带气旋影响，平均风力 12 级以上。

图 3.5　红色预警信号

应对措施：安排相关人员在保证自身安全的情况下进行施工现场 24 小时应急值守，发现灾情、险情迅速上报，及时处置。

台风预警解除：

（1）在接到主管部门返回信息后，有序组织人员返回现场。

（2）在接到主管部门预警解除的信息后，立即组织人员对施工现场安全情况进行检查评估，形成书面文件反馈主管部门并得到同意后方可复工。

2）暴雨应急响应

蓝色预警：12 小时内降水量将达 50 毫米以上，或者已达 50 毫米以上且降雨可能持续。

应对措施：立即启动应急响应程序，部署并落实应急响应工作。

黄色预警：6 小时内降水量将达 50 毫米以上，或者已达 50 毫米以上且降雨可能持续。

应对措施：立即启动应急响应程序，部署并落实应急响应工作。

图 3.6　暴雨蓝色预警

图 3.7　暴雨黄色预警

橙色预警：3 小时内降水量将达 50 毫米以上，或者已达 50 毫米以上且降雨可能持续。

应对措施：

（1）立即停止户外易受雷击部位、地下室及低洼地带等易积水部位的所有作业和活动。

（2）重点巡查现场，检查发现问题的整改情况及防汛排涝措施的落实情况，立即对地下室及低洼地带等易积水部位开展排涝工作。

（3）根据主管部门预警信息的要求，视情况决定是否撤离危险地带人员，妥善安排其他所有人员留在确保安全的室内避风避雨。

（4）加固或拆除有危险的临时性建筑及临时围挡。

红色预警：3 小时内降水量将达 100 毫米以上，或者已达到 100 毫米以上且降雨可能持续。

图 3.8　暴雨橙色预警

图 3.9　暴雨红色预警

应对措施:

（1）立即全面停止户外及高空一切作业，除应急抢险工作必需的电源之外，切断施工现场所有临时用电电源。

（2）根据主管部门预警信息的要求，立即撤离危险地带人员，妥善安排其他所有人员留在确保安全的室内避风避雨。

（3）安排人员在保证自身安全的情况下应急值守，发现灾情、险情迅速上报，及时处置。

2. 雨季施工水淹预防措施

（1）雨季来临之前，应当按项目部安排对现场排水系统进行检查，发现有堵塞情况要及时疏通。平时要爱护排水系统，不得随意破坏。

（2）暴雨橙色预警后不得进行基坑内施工，人员、机械及时撤出。

（3）应当熟悉施工现场安全通道，发现有水淹隐患时及时撤离并上报项目部。

事故案例: 某地铁隧道内雨水进入，造成多部设备被淹，施工暂停，所幸没有造成人员伤亡。隧道内不断有水流渗入，并且越来越大，不久后隧道内的部分电路损毁。在接到地铁施工指挥人员的指示后，在隧道内工作的三十多名施工人员迅速离开隧道到达地面，由于处理及时，渗水没有造成人员伤亡。

3. 雨季施工滑倒预防措施

（1）雨季进行模板安装、混凝土浇筑，工人应穿戴好劳动保护用品。

（2）平时要清扫安全通道，不得在安全通道内堆放杂物。

事故案例：2015 年 8 月，某市地铁站工地内，一名 50 岁左右的工人在施工时踩到淤泥不慎滑倒，倒地时头部恰好被地面上一根手指粗的螺纹钢斜向贯穿，瞬间血流如注，伤势严重。

4. 雨季施工触电预防措施

（1）雨天现场施工作业时，应当避免接触电器设备。

（2）雨天不使用的电器设备应当尽量回收，确实无法回收的应当做好防雨防淹。大雨过后对未能回收的电器设备等，应在电工检查确认后方可使用。

图 3.10　电器应采取防雨措施

（3）电工对施工现场临电必须采取“TN-S 接零保护系统”，并符合“三级配电、二级保护”。

图 3.11　三级配电、二级保护

（4）电工应加强用电安全巡视，检查每台机器的接零是否正常，检查线路是否完好；开关箱内漏电保护器应经试跳确认灵敏度，若不符合要求，应及时整改。

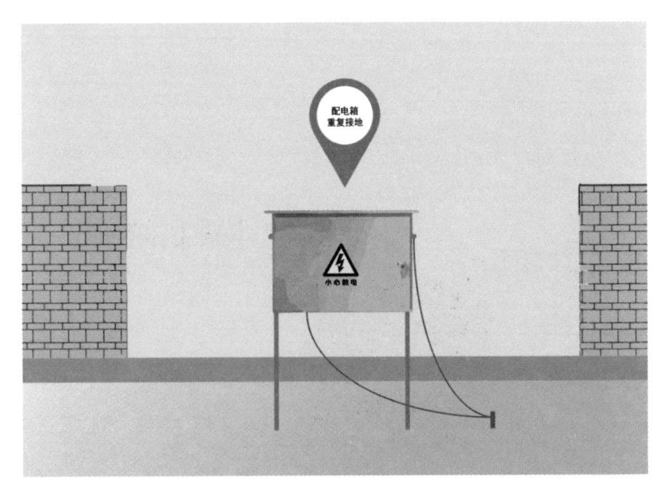

图 3.12　应加强用电巡查

（5）电工进行电器设备安装、拆除等作业时，要佩戴好劳动保护用品（绝缘手套、绝缘靴），持证上岗。

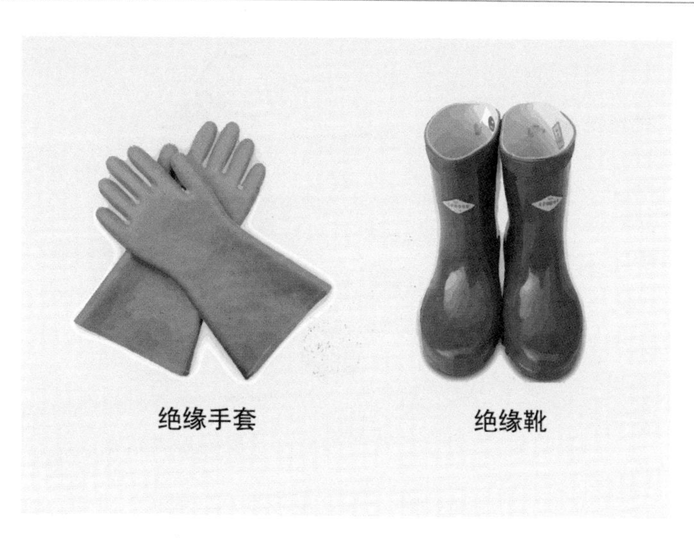

图 3.13　电工需做好绝缘防护措施

（6）雨天不得从事室外露天电焊作业。

图 3.14　雨天禁止电焊作业

（7）发现有人触电后，要采用绝缘物使触电人员脱离触电设备，并及时上报项目部。

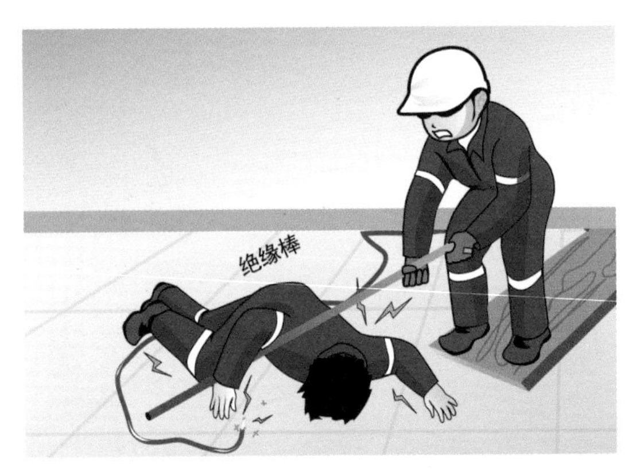

图 3.15　采用绝缘物使触电人员脱离触电设备

5. 雨季施工物体打击预防措施

（1）进入施工现场作业人员必须正确佩戴劳动防护用品。

（2）高处作业人员所使用的工具或切剥下来的废料，必须放进工具袋或采取防坠落措施。

（3）所有现场施工人员不得自高处投掷任务物品。

事故案例：2017 年 11 月，某商业大厦项目正在进行支护桩工程的施工。机手某在准备浇筑混凝土时发现钢筋笼的固定钢筋脱焊，遂在提升桩基料斗并启动卷扬机刹车装置后，离开操作平台，对脱焊处的固定钢筋进行补焊，此时料斗突发坠落砸中其背部，机手某经送医院抢救无效后死亡。

6. 雨季施工坍塌、倒塌预防措施

（1）雨季施工时，应当尽量避免在围挡、基坑及大型设备附近逗留。

（2）平时作业应当注意基坑观测点等设施的保护，不得随意破坏。发现有开裂、沉降等重大险情应当及时撤离并上报项目部。

（3）雨季施工时，木方模板不能集中堆放，防止因吸水导致重量过大而引起架体坍塌。

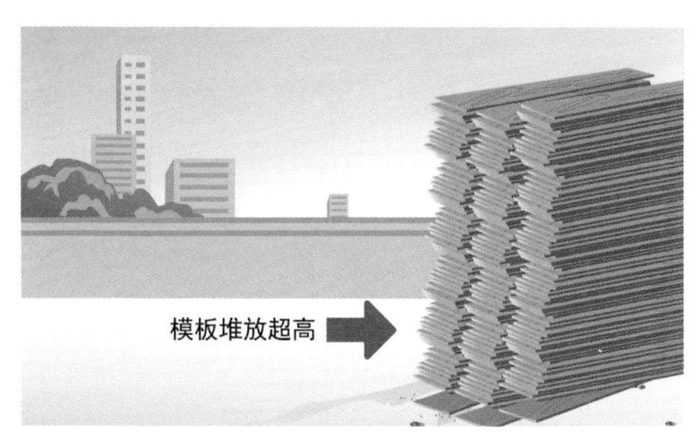

图 3.16　模板堆放超高不合规范

事故案例：某城轨路段继 8 月 12 日发生地陷事故后，8 月 13 日上午，再次发生大规模坍塌，塌陷面积达 300 多平方米。13 日下午 3 时许，事故造成 1 名井下施工人员死亡，事发地周边 200 余名群众被疏散。

7. 雨季施工雷击预防措施

（1）雷雨时不要走近钢架、架空电线周围 10 米以内区域，若发现有人遭受雷击触电后，应立即上报项目部。

（2）雷雨天不得从事露天高处作业，不要扛工具等。

（3）平时作业应避免损坏电器设备接地装置，若发现接地装置有损坏的，应立即上报以便项目部及时安排电工进行恢复。

事故案例：2004 年 6 月，某市上空乌云密布，电闪雷鸣，一圆形火球落在了一个建筑工地约五米高处的楼顶，正在进行混凝土灌注作业的两名工人不幸被击中，两人从高处掉落地面，身上的衣服被击成碎片，表皮崩裂。其中一名被击中头部当场死亡，另外一名经抢救脱离生命危险，但因受强大的雷电流冲击，其胸部 T11 椎体粉碎性骨折，T10 重度滑脱，胸部以下完全失去知觉，医生诊断将终生瘫痪。

扫码学习

二、地下管线保护

1. 天然气的特性

天然气蕴藏在地下多孔隙岩层中，主要成分为甲烷（CH_4），比空气轻，无色、无味、无毒。但在通风不畅的空间内发生泄露，会造成人员窒息，所以天然气公司都遵照政府规定添加加臭剂（四氢噻吩），方便用户嗅辨。

天然气还具有易燃、易爆性，若与空气混合浓度达到 5% ～ 15%，遇足够点火能量即会发生爆炸。爆炸瞬间将产生高压、高温等现象，其破坏力和危险性极大！

2. 管道及设施辨识

图 3.17　中压无缝钢管强度高，易腐蚀，防腐层遭破坏后容易腐蚀穿孔

图 3.18　中压 PE80 管，管壁为黑色，黄色为燃气标识色

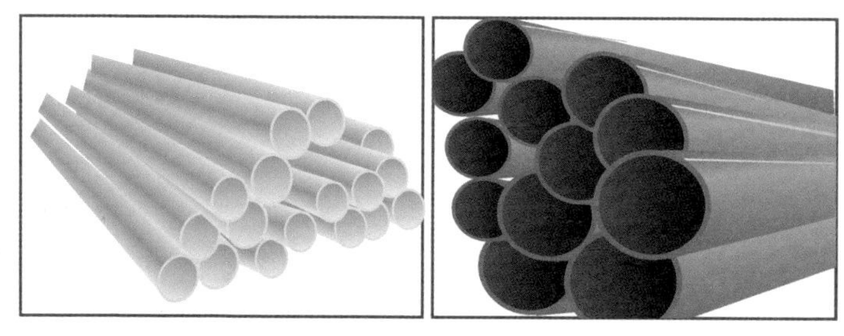

图 3.19　中压黄色和橙色 PE（聚乙烯）管，耐腐蚀，
中压管线覆盖率高达 84%，抗击能力较差，最害怕大型机械

图 3.20　高、次高压燃气管道均采用 3 层 PE 外防腐钢质管道，
防腐层外表为黑色。钢制管道虽强度较高，但易于腐蚀，
一旦管道防腐层受到破坏，钢制管道极易发生腐蚀，
情况严重时，会发生管道腐蚀穿孔而导致燃气泄漏

地面标志：指设置在地面用于表明地下燃气管道的图形标志。主要有水泥桩、铸铁（或大理石、复合材料等）桩以及阀门井盖、警示标牌等。

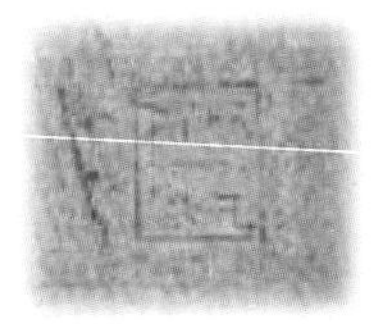

图 3.21　地面警示标志

高压、次高压燃气管道地面标志：以黄色三角柱形标志桩为主，混凝土材料，高约 1 米，黄底红字。主要设置在绿化、山地上。

图 3.22　地面警示标志

图 3.23　直埋阀、放散阀

图 3.24　大阀门井（深井）

图 3.25　凝液缸

图 3.26　高压、次高压管道阀室、阀井设施

图 3.27　中压地下管道警示带和警示盖板

中压燃气管道警示板（硬质黑色 PE 板）连续铺设在管道顶部上方 0.3 ～ 0.5 米的位置。

高压燃气管道警示板每块长度在 1 米左右，宽为 50 毫米，警示板（硬质黑色 PE 板）铺设在管道顶部上方 0.5 米左右的位置。

图 3.28　高压地下管道警示带和警示板

3. 施工风险及事故案例分析

1）机械开挖施工风险分析

（1）在开挖前没有明确地下燃气管道及设施的分布情况，盲目施工。

（2）在明确地下燃气管道及设施情况下，保护措施没有落实到位而造成破坏。

（3）挖掘破坏通常是造成聚乙烯（PE）管外壁划伤、钢管外防腐层损坏。

（4）严重时，造成聚乙烯（PE）管破裂或断裂，造成钢管破裂，如焊口开裂等。

2）勘探施工风险分析

（1）勘探钻头速度快、力度强，极易钻破 PE 管。

（2）作业周期短、随机性强，方案经常变更。

（3）作业面小且较深，管道钻破后较难被发现，危害性大。

（4）历年钻探造成破坏所占比例较大。

（5）钻探施工中，钻头直接打到或者打穿燃气管道，虽然钻探施工工作面不大，但是其后果较为严重，一旦钻破燃气管道，即会造成大量漏气。

图 3.29 勘探钻头钻破 PE 管

3）施工场地设置风险分析

（1）房屋占压燃气管道设施。

（2）重车或大型设备碾压。

（3）集中堆土或存放大量施工材料。

（4）燃气管线周边倾倒腐蚀性溶液。

（5）燃气管道周边种植深根植物。

（6）燃气管线周边边坡滑坡。

（7）燃气管线周边土壤塌陷，路面下沉。

（8）局部负荷增加导致该局部管道下沉，应力集中，严重时会导致 PE 管道断裂、钢质管道破裂或焊口断开。

（9）占压而掩盖现有的燃气管道和设施，使其不能得到正常的维护和保养。

4）基坑支护施工风险分析

（1）打锚杆、打桩施工导致燃气管道设施破坏。

（2）管道设施埋设情况未查明。

（3）保护措施不当造成管道周边土层沉降不一。

（4）在管道周边进行打桩等作业，如果不采取有效的保护措施，会造成管道周边的土层沉降不一，管道局部发生变形，产生应力集中，严重时可直接造成管道破裂或断裂，引起燃气泄漏。

4. 施工前所需注意事项

（1）施工前与燃气公司工作人员确认施工范围内燃气管道及设施位置。

（2）签订《施工现场燃气管道及设施确认表》，确定建设和施工单位联系人，确认现场燃气管道设施位置及其警示标识。

（3）在规定的燃气管道及设施安全控制范围内施工的，建设单位应当会同施工单位与燃气企业签订《施工现场燃气管道设施安全保护协议》。

（4）建设单位及施工单位要指定专人负责燃气设施保护工作，并将燃气设施保护措施、要求传达到每位施工人员，特别是大型机械操作人员。

（5）施工单位在燃气供应企业指导下，以人工开挖断面的方式确认地下燃气设施的准确位置。

（6）施工可能影响燃气设施安全的，需委托有资质的专业单位制定相应的“燃气管道及设施安全保护方案”，并报燃气供应企业备案。

5. 施工中所需注意事项

（1）确认燃气设施准确位置后，设立明显警示标志，保证安全警示标示的完好性。

（2）燃气设施附近区域应采用人工开挖方式，保护范围内禁止机械开挖。

（3）PE 燃气管道及钢质燃气管道防腐层易损，开挖过程中应特别谨慎。

（4）发现不明管道时，不能盲目擅自切断，要及时与燃气公司有关人员联系，确认是否是燃气管道。

（5）施工时已设计有燃气保护方案的，在未落实保护措施之前禁止下一步施工。

6. 第三方损坏事故案例分析

案例一：某路段中压燃气管道爆炸（液化石油气）

2005 年 5 月，某路段，施工单位施工作业时，在燃气管道上方采用机械开挖，导致该处地下燃气管道断裂并造成大量燃气泄漏，且施工单位在破坏燃气管道后擅自回填，未通知燃气企业抢险。燃气扩散至电缆沟、地下通道等处，导致连环爆炸，造成 1 人死亡，16 人受伤，多辆汽车损坏，7000 多用户燃气供应中断 11 小时。

原因分析：

（1）施工单位违规在管道上方使用机械开挖。

（2）在施工作业中，施工单位没有对燃气管道采取保护措施。

（3）施工人员安全意识差，在事发后没有及时联系燃气企业而私自回填，造成事故进一步扩大。

事故处置：该施工单位被禁止在该市施工。

案例二：某小区燃气泄漏事故

2009 年 3 月，施工单位在某小区实施钻探作业时，擅自移开用于指示燃气管道走向的警示牌，并在未通知管道燃气企业的情况下进行钻探作业，结果 PE 燃气管道被钻破，天然气沿钻孔向外泄漏，被钻探机的电机部分火花点燃而引起燃烧，火焰高度达到 5 米。

原因分析：

（1）施工单位安全意识不足，擅自移除现场燃气警示标志。

（2）在明知有燃气管道的情况下，没有采取任何保护措施，盲目作业。

案例三：某地铁站塌方事故

2010 年 4 月，某地铁站施工时，施工人员进行人工开挖时突然出现水涌造成塌方，塌方面积约 30 平方米，深度为 10 余米，导致市政燃气主干管损伤而漏气，因塌方现场情况比较复杂，无法确认管道损伤程度。

原因分析：

施工方在施工前，对周边情况估计不足，对作业的危害因素分析不足，没有针对周边的危害因素采取合理有效的保护措施。

案例四：某地铁站地下燃气管道破坏事故

2014 年，某地区为配合地铁站建设，对该施工区域内地下燃气管道进行两次改迁。2014 年 11 月，第二次管段改迁已完成验收，但在未完成碰口作业前，施工方就贸然施工，打桩作业时，重锤撞击导致第一次改迁的燃气管道（管径 110 毫米，PE 材质，埋深约 7 米）破损，造成燃气泄漏事故。

原因分析：

（1）施工单位现场负责人员疏于监督、管理失职，重锤机操作人员安全意识薄弱。

（2）施工单位在开工前未与燃气公司人员取得联系，并在现场燃气管道及设施标识一目了然的情况下，采取野蛮方式进行施工。

案例五：某路段燃气管道破坏事故

2015 年 11 月，某施工单位在清理光明大道绿化带路面时，需临时增加一个排水井，施工单位临时变更施工方案却没向燃气企业报备，施工人员使用钩机挖井时不慎将路口市政管挖破，造成燃气泄漏。

原因分析：

（1）施工人员安全意识淡薄，明知下方有燃气管道，不顾燃气管道安危，盲目用机械开挖作业。

（2）施工单位临时增加作业内容，在开挖深度已严重威胁到下方管道的情况下，未按双方的约定通知管线巡查人员到场确认。

事故处置：依法对建设单位和施工单位各处10万元罚款。

案例六：某路埋地燃气管道破坏事故

2015年5月，某排水管道工程，其施工方拒绝签订保护协议及安全隐患整改通知单。事故发生前一天已通过开挖断面确认管线，但施工人员在进行作业时存在侥幸心理，违规使用挖掘机去捡管道附近掉落的石块，不慎将材质为PE100的地下中压燃气管道挖破，导致燃气泄漏，388个居民用户供气中断。

原因分析：

（1）施工单位在燃气管道安全保护范围内无视燃气警示标志标示，施工前未通知燃气企业进行现场监护，擅自使用挖掘机进行作业。

（2）施工单位现场负责人员疏于监督、管理失职，挖掘机操作人员自认为技术娴熟，心存侥幸，管道安全保护意识薄弱。

事故处置：依法对施工单位处3万元罚款。

案例七：某村地下燃气管道破坏事故

2015年5月，某人行通道基坑开挖作业。事发当天，该工地先后两次被燃气企业工作人员告知相关燃气管道保护注意事项，但施工单位为了抢进度，使用钩机在燃气警示牌附近进行施工，在挖掘一根树枝时不慎将旁边的中压燃气放散阀一并牵扯起来，造成放散阀损坏，管道燃气大量泄漏。事故造成1486户居民用户和3户工商用户供气中断。

原因分析：

（1）施工单位缺乏对燃气管道保护的安全意识，无视现场燃气警示标志标识，施工前未通知燃气企业工作人员进行现场监护。

（2）在燃气管道安全保护范围内使用机械开挖，损坏燃气管道设施。

事故处置：依法对施工单位罚款10万元、施工单位安全主任罚款2000元，并对建设单位、施工单位、监理单位及相关责任人黄色警示3个月。

三、起重吊装专项安全

扫码学习

1. 起重吊装作业的定义

在生产和检修、维修过程中，利用各种吊装机具将设备、工件、器具、材料等吊起，使其发生位置变化的作业过程。常用的起重吊装机械有移动式起重机（包括汽车式吊和履带式吊）、门式起重机、塔式起重机、桥式起重机等。

2. 起重吊装风险因素

（1）吊物坠落打击：吊物捆绑不牢、起吊物不平衡、长短材料混吊、吊短小材料不使用吊篮、吊绳断裂、吊绳脱钩、吊点（吊耳）脱焊断裂，这些都易造成被吊物坠落，伤及下方覆盖区内人员。

应对措施：起吊前应严格对吊装带、钢丝绳、吊钩、吊点等进行检查，确保完好无缺损。

事故案例：2003 年 8 月，某工程 6 层楼面安装空调静压箱，就位过程中焊接在静压箱上的吊耳断裂，静压箱失稳后撞击李某，致使李某从 6 层楼面坠落地面。李某经抢救无效死亡。

（2）设备倾覆事故：进行起重吊装作业时，支腿打在松软的地基或斜坡上，支腿垫木腐烂、缺损，支腿未完全伸出，歪拉斜吊、超荷载起吊，都极易造成起重设备倾覆，导致起重设备、场内设备设施损坏，严重时会造成群伤群亡事故。

应对措施：移动式起重设备支腿应充分展开，支腿应打在平整、稳固的地基上，支垫方木应坚硬完好，垫板厚度要满足承受力要求，严禁超限起吊、歪拉斜吊，遇 5 级以上大风应停止起重吊装作业，对龙门吊、塔吊等高大设备应有防大风溜滑、倾覆固定措施。

事故案例：2017年5月，某地铁工地一台汽车吊在基坑吊钢支撑、支腿梁未全部伸出（只伸出不到1/5）的情况下作业，汽车吊整体起重能力极大减弱，在吊物过程中发生侧翻，造成1名工人死亡。

错误吊装

作业人员撑扶易受到被吊物撞击，挤压伤害

正确吊装

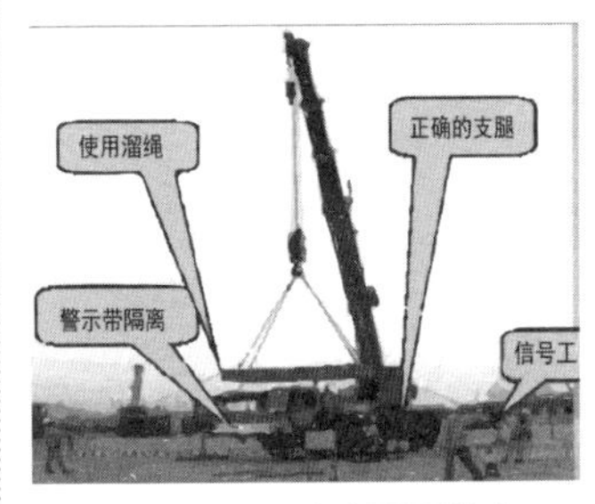

正确的吊装：现场危险区设置警戒，有信号工指挥、吊物使用牵引绳等

图3.30　严格按照规范进行吊装

（3）触电伤害：在高压线下或在带电体附近进行起重吊装作业时，起重设备臂杆、吊索具、吊物侵入高压线安全距离范围或触及带电体，极易引起输电线路放电跳闸、停电、引起火灾，甚至导致人员触电伤亡。

应对措施：在高压线下及带电体附近吊物，应制定专项措施方案，确定起重设备与高压线（带电体）的安全保护范围，包括履带吊行走影响的地下电缆，并做好对作业人员的方案交底，吊运过程中设专人监护。

事故案例：2014年5月，某机械公司在板房吊运过程中，吊车拔杆碰到高压线，致两名扶着板房的工人一人死亡、一人受伤。

（4）起重吊装作业“十不吊”原则

① 被吊物重量超过机械性能允许范围不准吊。

② 信号不清不准吊。

③ 吊物下方有人站立不准吊。

④ 吊物上站人不准吊。

⑤ 埋在地下物不准吊。

⑥ 斜拉斜牵物不准吊。

⑦ 散物捆扎不牢不准吊。

⑧ 零散物件（特别是小钢模板）不装容器不准吊。

⑨ 吊物重量不明，吊、索具不符合规定，立式构件、大模板不用卡环不准吊。

⑩ 六级以上强风、大雾天影响视力和大雨时不准吊。

（5）起重吊装作业安全注意事项

① 吊装带使用安全

风险因素：吊装带如有烧伤、陈旧褪色、打节、磨损缺边、断股等，在吊物过程中容易断裂，使吊物坠落，伤及下方人员。

应对措施：使用前必须检查吊装带，确保完好无损；检查确保标识和标牌清晰可读；检查确保吊装带的安全工作负荷满足吊物重量要求，对不符合以上条件的吊装带应予报废，不准使用。

② 钢丝绳使用安全

风险因素：钢丝绳如果出现扭曲、绳股突出、麻芯挤出等现象，有断丝、断股、磨损、变形锈蚀等问题，在吊物过程中容易断裂，使吊物坠落，伤及下方人员。

应对措施：使用前必须检查钢丝绳，确保完好无损；检查确保钢丝绳的安全工作负荷满足吊物重量要求，对出现以上情况的钢丝绳应予报废，不准使用。

③ 高度限位器使用安全

风险因素：高度限位器由重锤（或金属环）、悬挂钢丝绳、限位开关组成，其用途为防止吊钩滑轮与起重臂端部滑轮接触时拉断吊物钢丝绳，导致吊物坠落伤人。

应对措施：在起重吊装作业前，应仔细检查高度限位器是否灵敏有效。

④ 起重吊装作业中索具的使用安全

错误吊装

单股卸扣

正确吊装

双头绕圈

图 3.31　起重吊装作业（一）

错误吊装

单头兜吊

正确吊装

双头绕圈

图 3.32　起重吊装作业（二）

错误吊装

吊带扭曲

正确吊装

吊带要绕圈 平顺

图 3.33　起重吊装作业（三）

错误吊装

吊带打结

正确吊装

吊带要绕圈 使用卸扣

图 3.34　起重吊装作业（四）

错误吊装

吊装带钩挂易滑钩

正确吊装

吊装带应增加卸扣钩挂

图 3.35　起重吊装作业（五）

错误吊装

吊带打结

正确吊装

正确使用U型扣捆版

图 3.36　起重吊装作业（六）

错误吊装

4根绳子一个钩

正确吊装

4根绳子应增加卸扣钩挂

图 3.37　起重吊装作业（七）

正确吊装

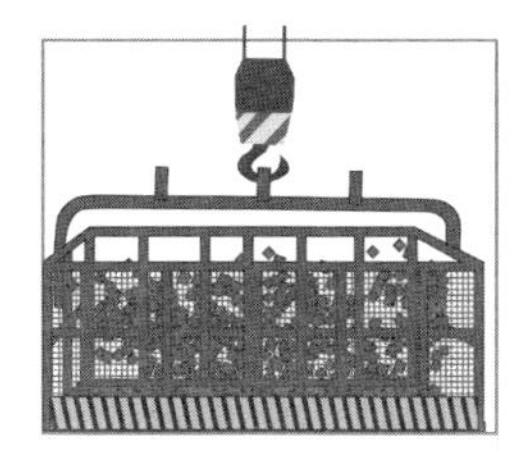

零散物件不用吊篮起吊

零散材料应使用吊篮

图 3.38　起重吊装作业（八）

卸扣错误使用

卸扣正确安装

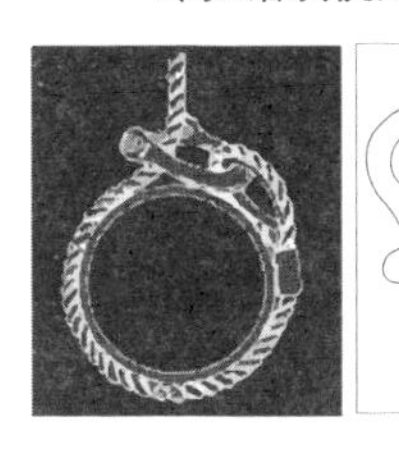

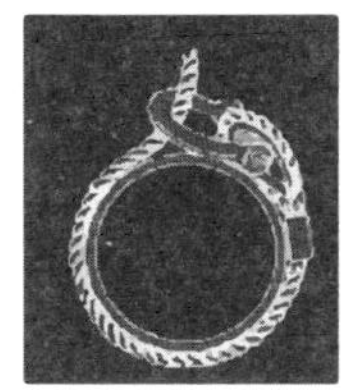

图 3.39　起重吊装作业（九）

错误打放支腿

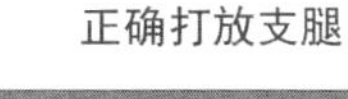

图 3.40　起重吊装作业（十）

错误打放支腿

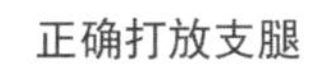

图 3.41　起重吊装作业（十一）

错误吊装

作业人员撑扶易受到被吊物撞击，挤压伤害

正确吊装

正确的吊装：现场危险区设置警戒，有信号工指挥、吊物使用牵引绳等

图 3.42　起重吊装作业（十二）

错误吊装

吊物从人头上经过

被吊物上站人

超荷载起吊

图 3.43　起重吊装作业（十三）

3. 钢丝绳连接安全

（1）钢丝绳连接：主要通过绳扣方式对接连接，绳扣通过绳卡固接完成。用绳卡固结钢丝绳时，绳卡的滑鞍应在主绳侧，U 型卡在绳尾侧，不得正反交错，最后一个绳卡距绳头不小于 140 毫米。

钢丝绳不允许采用搭接的方式链接

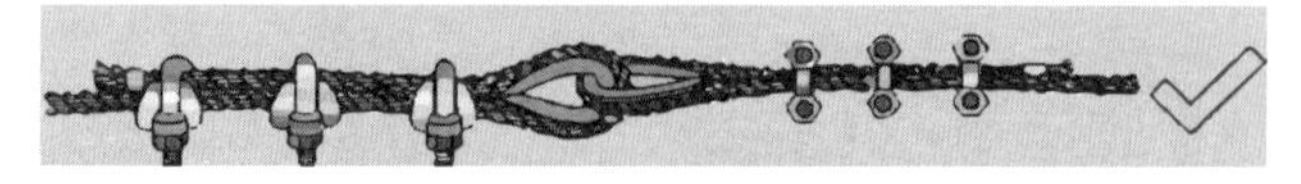

钢丝绳应采用绳扣链接

图 3.44　钢丝绳链接

绳卡安装错误

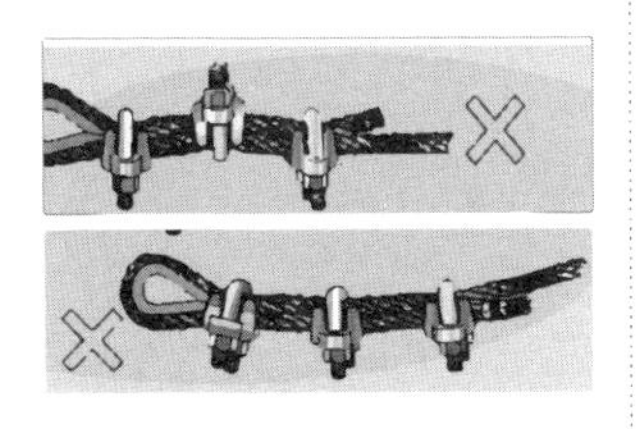

加工绳扣时，绳卡开口方向安装错误

绳卡安装正确

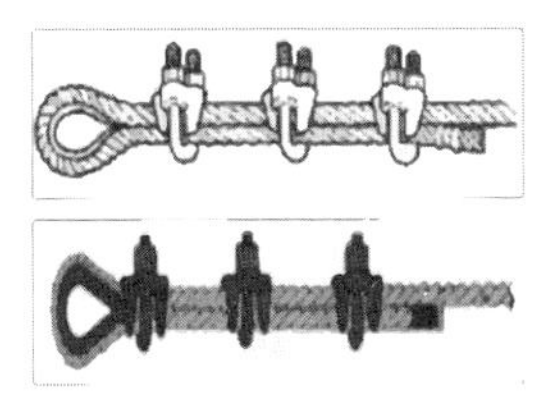

安装钢丝绳绳卡时，绳卡的开口应朝向主绳一侧

图 3.45　绳卡安装

（2）绳扣制作顺序

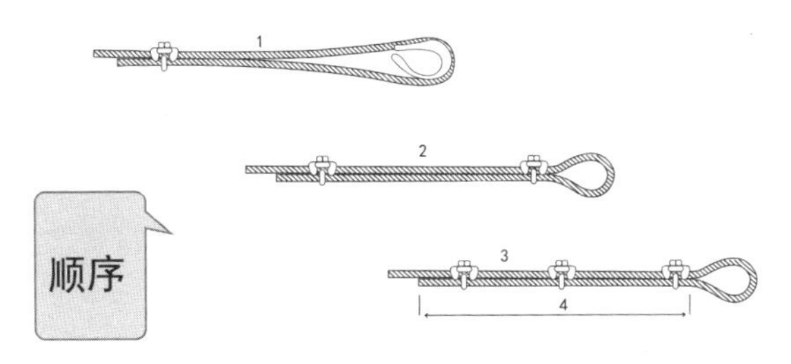

图 3.46　绳扣制作

注意事项：

选择与钢丝绳尺寸相匹配的钢丝绳卡，包括配套螺栓。

钢丝绳卡只能用来卡两股钢丝绳，不能卡多股绳，更不允许夹塞螺栓！

每两个钢丝绳绳卡之间的距离不小于钢丝绳直径的 6 倍。

钢丝绳卡受载 1 ～ 2 次后，螺母需要进一步拧紧。

扫码学习

四、起重机械

1. 塔吊基础螺栓未紧固、断裂

1）螺栓断裂原因

（1）塔机基础安装平面不平

塔机基础由混凝土浇筑而成，其安装平面的平整度误差远大于塔机底架 4 个法兰盘的平整度误差，而基础的刚性大于塔机底架的刚性。所以，在用地脚螺栓将混凝土基础与塔机底架法兰盘拉紧后，由于基础不平，4 个法兰盘不可能在同一平面上。要使连接面贴紧（连接面不贴紧螺栓易松动），就必须加大连接螺栓的预紧力。过大的预紧力会使螺栓在塔机未承载负荷时就已处于受拉状态，螺栓疲劳强度降低，从而引发螺栓疲劳断裂。

图 3.47　塔机基础安装平面要平整

（2）螺栓受力状况不良

底架与基础节连接的螺栓直径较大，而基础节与标准节连接的螺栓直径较小。两种螺栓在载荷相同的情况下，所受应力大小悬殊。在拉应力和压应力的交替作用下，强度相对较低的螺栓会先产生裂纹，进而发生疲劳断裂。这正是螺栓断裂多发生在塔机标准节螺栓，而不出现在基础节连接螺栓的主要原因。

图 3.48　螺栓要按规范紧固

（3）螺栓加工存在缺陷

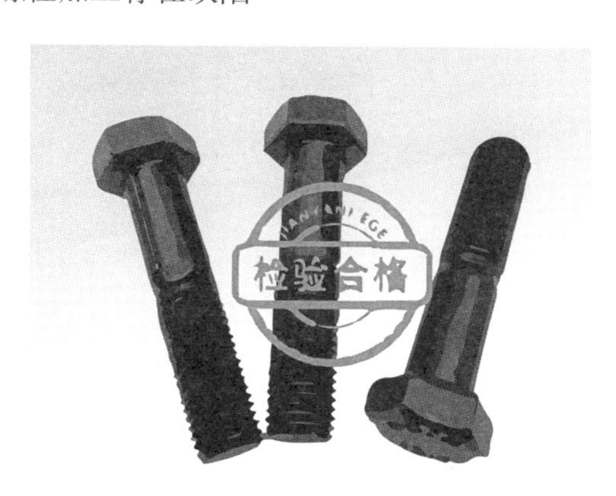

图 3.49　螺栓需具备质量证明、合格证

目前，塔机连接螺栓一般采用45号钢或40Cr钢，制成后再进行调质处理。40Cr钢经调质处理后，虽然有较高的强度和硬度（强度等级达10.9级），但韧性较低，即通常所说的“回火脆性”现象。螺栓在截面突变位置存在应力集中，而应力集中区往往就是裂纹源。微裂纹的传播是不连续的，它在拉伸应力作用下张开，在压缩应力作用下闭合，每经过一个应力循环，裂纹就延长一些，久而久之就会导致螺栓断裂。

2）预防螺栓断裂的措施

（1）塔机安装时，若发现基础安装面与法兰盘下平面间隙大小不一，应根据间隙大小制作厚薄不同的垫铁，对底架局部进行塞垫。为确保塔机底架安装完成后，其上平面水平度公差不大于1/1000，必须在法兰盘与基础面间隙基本一致或小于1毫米后，才可对地脚螺栓进行预紧。

（2）改进螺栓加工工艺：塔机标准节螺栓材料一般为45号钢或40Cr钢，强度等级为8.8级或10.9级。在对螺栓进行热处理时，必须控制好热处理温度，以兼顾强度和韧性。在强度足够的情况下，应尽可能降低淬火温度。螺栓生产厂家必须出具相应的质量证明及合格证明。

加工螺栓时，为防止由于截面突变而产生应力集中，应采用小圆角过渡，切忌在过渡处用切刀清根。在螺纹收尾处，应尽可能减小收尾槽的深度，以避免应力集中。

（3）在塔吊安装过程中，作业人员应严格遵循相关操作规程，一部一牢，必须在塔吊基础螺栓、标准节螺栓、销轴等紧固后，方能继续下一步作业。

事故案例：2017年，某项目塔吊基础螺栓预埋时过短，在基础螺栓未完全紧固时便进行塔吊平衡臂安装，安装平衡重后产生的压力，致使螺帽脱离螺栓，造成塔吊倾覆。该事故造成多名人员伤亡及重大经济损失。

2. 吊装起重臂时锁扣不牢固、过小

图 3.50 吊装起重臂时锁扣不牢固、过小

事故案例：2017 年 11 月，某项目塔吊安装时，因主钢丝绳与拉杆龙头锁扣未按规定紧固，起升过程中锁销脱落，拉杆与主钢丝绳失去连接，拉杆瞬间卸载后坠落至起重臂上。事故造成起重臂拉杆严重变形，所幸未造成人员伤亡。

事故延伸隐患：

（1）汽车吊吊绳过短，采取大钢丝绳与小钢丝绳锁扣链接吊装，违反钢丝绳起重吊装安全技术要求。

（2）拉杆与主绳锁扣不紧固，安装人员麻痹大意，未仔细检查关键吊装节点，经验不足或疏忽。

（3）现场管理人员对安装工技术交底不足。

未发生人员安全事故分析：

（1）安装拉杆时，过渡节处未有安装人员滞留。

（2）拉杆坠落至起重臂拉杆卡杆处，未发生起重臂外的过度坠落、弯折。

（3）拉杆未坠落弯折，未造成起重臂吊绳切断现象。

事故吸取教训：

（1）加强对工人的安全交底，安装工人及现场管理人员对每个节点仔细进行检查后方可施工。

（2）注意安全警戒范围，重要节点应适当远离。

（3）禁止用大钢丝绳与小钢丝绳链接起吊重物。

（4）起重臂拉杆在吊装时塔吊主绳应捆绑紧固。

3. 饮酒作业、插销不到位

图 3.51　塔吊插销要到位

部分顶升工人违规饮酒后作业，未佩戴安全带；在塔吊右顶升销轴未插到正常工作位置，并处于非正常受力状态下，顶升人员继续进行塔吊顶升作业，顶升过程中顶升摆梁内外腹板销轴孔发生严重的屈曲变形，右顶升爬梯首先从右顶升销轴端部滑落；右顶升销轴和右换步销轴同时失去对内塔身荷载的支承作用，塔身荷载连同冲击荷载全部由左爬梯与左顶升销轴及左换步销轴承担，最终导致内塔身滑落，塔臂发生翻转解体，塔吊倾覆坍塌，造成人员伤亡及经济损失。

4. 塔吊螺栓断裂事故

起重机在吊转钢筋过程中，被吊钢筋运至塔机最前端且即将落地时突然失重，塔身向起重臂方向产生极大的弹性变形，整个机体反弹（应力释放）与平衡重设计非工况时的倾覆力矩叠加，实际形成极大后倾力矩，造成塔身标准节变换处连接螺栓全部崩断，配重部位与驾驶室失衡后由高处弯曲，连带塔式起重机主体倒塌，塔式起重机司机从约6米高无防护玻璃的塔吊驾驶室摔落地面。

5. 顶升时踏步未就位，顶升销轴位置不正

事故案例：2018年5月，某在建小区工地在拆除塔吊过程中塔吊倒塌，事故造成3人当场死亡，1人送医院抢救无效死亡，数辆停在塔吊附近的小轿车被压。

图3.52　顶升销轴要安装规范

原因分析：

在塔吊右顶升销轴未插到正常工作位置，并处于非正常受力状态下，顶升人员继续进行塔吊顶升作业，顶升过程中顶升摆梁内外腹板销轴孔发生严重的屈曲变形，右顶升爬梯首先从右顶升销轴端部滑落；右顶升销轴和右换步销轴同时失去对内塔身荷载

的支承作用，塔身荷载连同冲击荷载全部由左爬梯与左顶升销轴和左换步销轴承担，最终导致内塔身滑落，塔臂发生翻转解体，塔吊倾覆坍塌。

6. 电梯拆卸把杆断裂

事故案例：2013 年，某项目电梯安装 100 余米，因该项目塔吊已经拆卸，电梯拆卸唯有用出厂把杆吊自行拆卸。

（1）在拆卸前，由于把杆吊位保存不善，连接销轴丢失，作业人员在工地随地拣了一个大小相等的螺钉代替把杆吊销轴。

（2）作业人员将安全带捆绑至把杆吊上，在把杆吊不合格螺钉断裂时，该名操作人员摔至地面而死亡。

原因分析：

（1）拆卸单位未按规定安装电梯把杆吊。

（2）作业人员有捆绑安全带意识，但悬挂错误，且意识淡薄。

（3）拆卸单位管理人员未对使用螺钉代替原厂销轴的把杆吊的作业人员进行监督。

7. 电梯坠落人员伤亡

图 3.53　电梯钢绳断裂导致高处坠落

事故案例：2012年9月，某项目电梯上升过程中突然失控，直冲到34层顶层后，电梯钢绳突然断裂，厢体呈自由落体状直接坠到地面。

原因分析：

（1）升降机搭建架不牢，有螺钉松动。

（2）事故升降机严重超载。

五、附着式脚手架

1. 附着式升降脚手架基本描述

附着式升降脚手架是指搭设于一定高度并附着于工程结构上，依靠自身的升降设备和装置，可随工程结构逐层爬升或下降，具有防倾覆、防坠落装置的外脚手架。附着式升降脚手架主要由附着式升降脚手架架体结构、附着支座、防倾装置、防坠落装置、升降机构及控制装置等构成。

图 3.54　附着式升降脚手架

2. 附着式升降脚手架安全要点

（1）附着式升降脚手架安装、提升、拆除时，作业人员必须佩戴安全带。

（2）附着式升降脚手架翻板必须封闭严密。

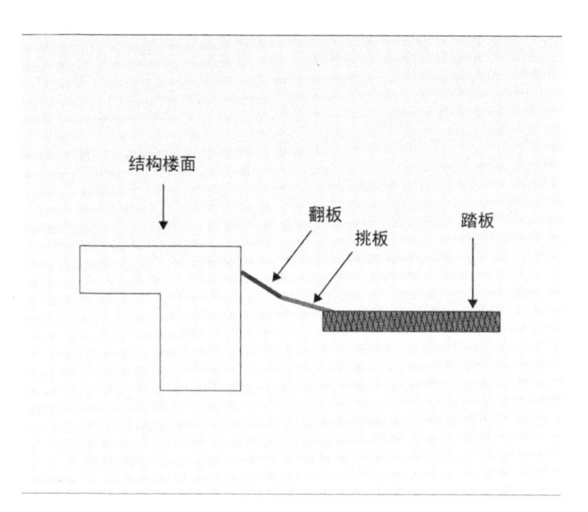

图 3.55 附着式升降脚手架翻板要严密

（3）附着式升降脚手架导座安装时应紧贴结构，不允许存在缝隙，防止导座受力不均。

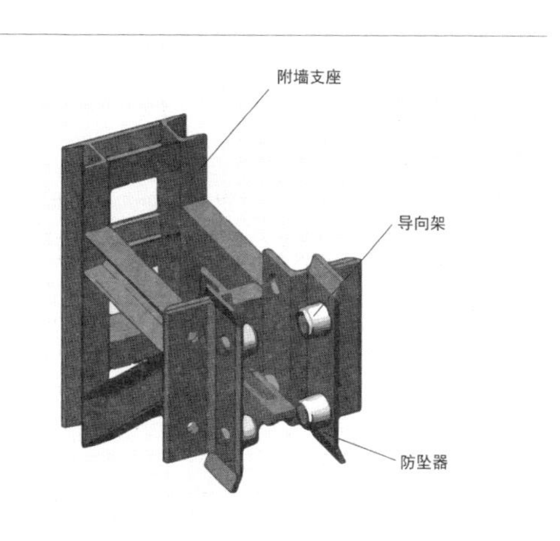

图 3.56 防坠支撑复位、支顶到位

（4）附着式升降脚手架导座及吊点固定处必须使用方案规定的螺杆，不允许私自更换螺杆。

（5）附着式升降脚手架提升后，防坠支撑必须立即复位并支顶到位，检查导座螺栓是否拧紧。

（6）附着式升降脚手架提升后导座安装完成，需松开提升器，避免提升系统长时间受力，使架体长时间受拉。

（7）附着式升降脚手架分组提升时，架体分组缝端部应及时封闭。

（8）检查附着式升降脚手架导座螺杆预埋件是否有损坏，是否存在无法安装螺杆或是提升后导座螺杆漏装或螺杆松动等现象。

3. 附着式升降脚手架安全事故分析

（1）脚手架与建筑物之间的间隙过大必须防护；附着式升降脚手架安装、提升、拆除时，作业人员必须佩戴安全带。

图 3.57　脚手架与建筑物间隙过大需防护

事故案例：2004 年 7 月，某工程混凝土工黄某站在 7 层作业面边缘撬钢筋时，因用力过猛，身体失去平衡，从附着式升降脚手架与主体之间的间隙坠落至 2 层平台，经抢救无效死亡。

（2）附着式升降脚手架翻板必须封闭严密。

事故案例：2012 年，某建筑工地脚手架提升过程后，翻板未及时恢复，拆除 23 层模板架时，一钢管从缝隙中滑落，不幸砸中堆码材料的工人张某，致其当场死亡。

（3）附着式升降脚手架提升后，防坠支撑必须立即复位并支顶到位，检查导座螺栓是否拧紧。

事故案例：2009 年 9 月，某建筑工地，附着式脚手架提升后防坠支撑未立即复位并支顶到位，部分导座螺栓未拧紧，且架体上堆码荷载过多，导致东侧架体坠落，造成 7 人死亡，5 人重伤。

六、高支模

扫码学习

1. 高支模基本描述

（1）危险性较大的分部分项工程中混凝土模板支撑工程：搭设高度 5 米及以上，搭设跨度 10 米及以上，施工总荷载 10 千牛 / 平方米及以上，集中线荷载 15 千牛 / 平方米及以上，即为普通高支模架体。

（2）超过一定规模的危险性较大的分部分项工程中混凝土模板支撑工程：搭设高度 8 米及以上，搭设跨度 18 米及以上，施工总荷载 15 千牛 / 平方米及以上，集中线荷载 20 千牛 / 平方米及以上，即为超高支模架体。

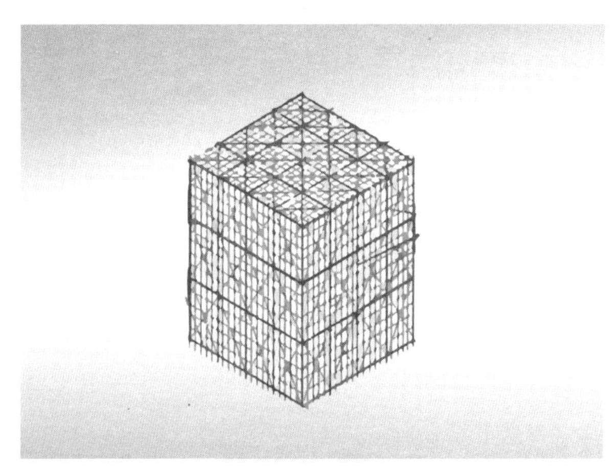

图 3.58　高支模

2. 高支模安全要点

风险因素①：未佩戴或未正确佩戴安全帽，有受到物体打击和物体碰撞而使头部受到伤害的危险。

图 3.59 规范佩戴安全帽、安全带

应对措施：

（1）正确佩戴安全帽，不得反戴。

（2）安全帽在佩戴前，应调整好松紧大小。

（3）安全帽帽衬必须与帽壳连接良好，同时帽衬与帽壳不能紧贴，应有一定间隙。

（4）系紧下颚带。

事故案例：某工地工人在作业时因没有戴好安全帽，被高空坠落的一根长 32 厘米、直径 2 毫米的钢筋由鼻根部直穿进底下巴，颈动脉三角区被穿透。

风险因素②：未佩戴或未正确佩戴、未正确使用安全带，有高处坠落、人员伤亡的风险。

应对措施：

（1）正确佩戴配件齐全、无破损老化的安全带。

（2）高挂低用，百分百系挂。

（3）系挂点确保牢靠稳固。

图 3.60　未佩戴安全带

事故案例：2015 年 12 月，某项目中，董某未佩戴安全带，在房顶部脚手架上进行作业时，从距离地面 10 米多高处的脚手架上坠落至地面，经医院抢救无效死亡。

风险因素③：未在规定区域使用安全平网，有造成人员高处坠落、物体打击的风险。

图 3.61　安全网防护不到位

应对措施：

（1）高处作业区域要求挂安全平网。

（2）外架与结构边等空隙过大部位要求挂安全平网。

事故案例：2016 年 8 月，某工地施工现场安全防护不到位，安全网铺设存在漏洞；施工人员在进行下一层模板施工时，从此处坠至地下一层底板死亡。

风险因素④：酒后进入施工现场进行登高作业，易形成伤害。

应对措施：醉酒的人在醉酒状态中，对本人有危险或者对他人的人身、财产或者公共安全有威胁的，应当对其采取保护性措施约束至酒醒。严禁酒后登高作业。

事故案例：2011 年 2 月，某市一工地李某在进行脚手架搭设时从高处坠落身亡。据其工友介绍，李某午饭饮酒过量，造成事故的发生。

风险因素⑤：操作工人无证上岗，违法施工，模架搭设不合理易造成坍塌。

图 3.62　工人持证上岗

应对措施：

（1）操作工人必须经过培训教育，考试、体检合格，持证上岗，任何人不得安排未经培训的无证人员上岗作业。

（2）施工前进行施工方案安全技术交底、安全教育、操作工人上岗资料检查。

事故案例：2013 年 11 月，某在建工地脚手架倒塌，刚刚浇筑的 100 多平方米的混凝土从 5 楼倾泻而下，将 12 名工人掩埋。事故共造成 7 人死亡、5 人受伤。据调查，该工程项目负责人、项目技术负责人、安全管理负责人及特种作业人员均为无证上岗，现场管理失控，野蛮施工造成事故发生。

风险因素⑥：无方案或不按方案施工，极易造成坍塌事故。

应对措施：

（1）严格按照要求编制专项施工方案并组织专家论证，按照专家意见修改方案，审核通过后，方可组织实施。

（2）高大模板支撑系统搭设前，项目技术负责人就审批的方案对项目经理、生产经理、工长、安全员和作业班组长交底，工长就现场情况、方案实施对作业工人现场交底。

事故案例：2015 年 2 月，某工程发生一起高支模坍塌事故，造成 8 人死亡、7 人受伤。事故发生的直接原因是施工单位未按规定对模板支架专项施工方案进行专家论证，违反相关安全技术规程随意搭设模板支架，混凝土浇筑顺序错误。

风险因素⑦：选用非标材料，钢管、扣件、顶托不符合国家标准要求，模架承载力不足易造成坍塌。

应对措施：对用于高支模支撑体系的钢管、扣件、可调支托外观质量进行全面检查，检查不合格的不得投入使用。

事故案例：2014 年 3 月，某旧城改造商业综合楼 5 楼顶层的薄壁方箱支撑结构发生倾斜，导致施工屋面发生局部坍塌，10 名施工人员滑落，其中 1 人死亡、1 人重伤、4 人轻伤。

图 3.63　检查高支模扣件是否合格

风险因素⑧：模架地基承载力不满足荷载要求，整体失稳，容易造成坍塌。

应对措施：高大模板支撑系统的地基承载力、沉降等应能满足方案设计要求。如遇松软土、回填土，应根据设计要求进行平整、夯实及硬化处理，并采取防水、排水措施。

事故案例：2014 年 12 月，某商铺在进行混凝土浇筑施工过程中发生模架体系整体坍塌事故，造成正在作业的 5 人死亡、9 人受伤，直接经济损失约 450 万元。

七、土石方开挖

扫码学习

1. 土石方开挖的定义

用各种施工方法（机械的、爆破的或人工的）挖除一部分土石，使其形成设计要求规格的建筑物，或腾出空间以坐落建筑物基础，这样的工程称之为土石方开挖。

在挖方工程中，从地表向下开挖，形成上部开口的具有一定形状的基坑的挖方，叫做明挖，也叫露天开挖；在地表以下一定深度进行开挖，形成一定形状断面的挖方，叫做洞挖或地下工程开挖。

图 3.64　土石方开挖

2. 土石方开挖的种类

一类土（松软土）：砂土、粉土、冲积砂土层，疏松的种植土、淤泥（泥炭）等，用锹、锄头挖掘，少许用脚蹬。

二类土（普通土）：粉质黏土，潮湿的黄土，夹有碎石、卵石的砂，粉质混卵（碎）石，种植土、填土等用锹、锄头挖掘，少许用镐翻松。

三类土（坚土）：软及中等密实黏土，重粉质黏土、砾石土，干黄土、含有碎石卵石的黄土、粉质黏土，压实的填土等，主要用镐，少许用锹、锄头挖掘，部分用撬棍。

四类土（砂砾坚土）：坚硬密实的黏性土或黄土，含碎石、卵石的中等密实的黏性土或黄土，粗卵石，天然级配砾石，软泥灰岩等，整个先用镐、撬棍，后用锹挖掘，部分用楔子及大锤。

五类土（软石）：硬质黏土，中密的页岩、泥灰岩、白垩土，胶结不紧的砾岩，软石灰岩及贝壳石灰岩等，用镐或撬棍、大锤挖掘，部分使用爆破方法。

六类土（次坚石）：泥岩、砂岩、砾岩，坚实的页岩、泥灰岩、密实的石灰岩，风化花岗岩、片麻岩及正长岩等，用爆破方法开挖，部分用风镐。

七类土（坚石）：大理岩、辉绿岩，玢岩，粗、中粒花岗岩，坚实的白云岩、砂岩、砾岩、片麻岩、石灰岩，微风化安山岩、玄武岩等，用爆破方法开挖。

八类土（特坚石）：安山岩、玄武岩，花岗片麻岩，坚实的细粒花岗岩、闪长岩、石英岩、辉长岩、辉绿岩、玢岩、角闪岩等，用爆破方法开挖。

3. 土石方开挖的施工方法及特点

1）土石方的开挖方法

施工资料准备：土石方开挖受天气、地质条件及原有建筑物的影响，开挖前应做好以下工作：

（1）施工图纸的审阅、分析及施工方案的拟定。

（2）当地的水文、气象条件的了解。

（3）施工场地的地质条件的了解。

（4）施工范围内的建筑物及管线埋设情况。

（5）绘制土石方开挖的平面图和横断面图。

测量放样：利用布设的临时控制点，放样定出开挖边线和开挖深度等。在开挖边线放样时，应在设计边线外增加，并作上明显的标记。基坑底部开挖尺寸，除建筑物轮廓要求外，还应考虑排水设施和安装模板等要求。

2）土石方开挖要求

（1）土石方开挖前，应根据施工方案的要求，将施工区域内的地下、地上障碍物清除和处理完毕。

（2）建筑物或构筑物的位置或场地的定位控制线（桩）、标准水平桩及开槽的灰线尺寸，必须检验合格。

（3）夜间施工时，应有足够的照明设施；在危险地段应设置明显标志，并要合理安排开挖顺序，防止错挖或超挖。

（4）开挖有地下水位的基坑槽、管沟时，应根据当地工程地质资料，采取措施降低地下水位。

（5）施工机械进入现场所经过的道路、桥梁和卸车设施等，应事先经过检查，必要时要进行加固或加宽。

（6）选择土方机械，应根据施工区域的地形与作业条件、土的类别与厚度、总工程量和工期综合考虑，以能发挥施工机械的效率来确定，编好施工方案。

（7）施工区域运行路线的布置，应根据作业区域工程的大小、机械性能、运距和地形起伏等情况加以确定。

（8）在机械施工无法作业的部位施工和修整边坡坡度、清理槽底等，均应配备人工进行。

（9）机具：挖土机械有挖土机、推土机、铁锹（尖、平头两种）、手推车、小白线或 20 号铅丝和钢卷尺以及坡度尺等。

（10）熟悉图纸，做好技术交底。

3）操作工艺

（1）工艺流程：确定开挖的顺序和坡度→分段分层平均下挖→修边和清底。

（2）坡度的确定：工程开挖坡度按设计要求，若在施工中仍不能确保稳定，则跟设计方面联系，更改开挖方案。

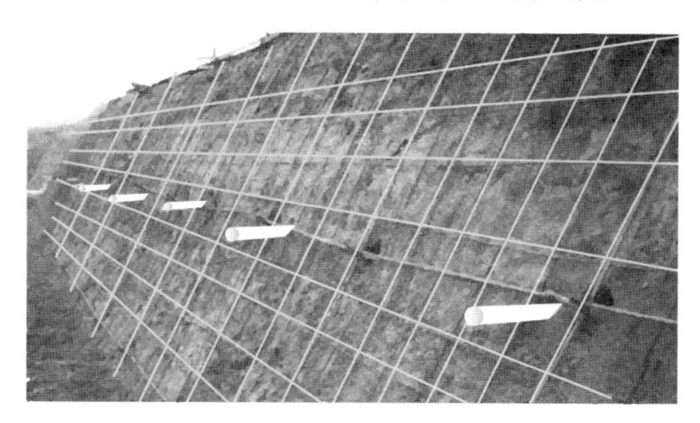

图 3.65　土石方坡度严格按照设计要求支护

（3）机械开挖：开挖应合理确定开挖顺序、路线及开挖深度。采用挖掘机配合推土机进行开挖，土石方开挖宜从上到下分层分段依次进行。随时做成一定坡势，以利泄水。在开挖过程中，应随时检查边坡的状态。开挖基坑，不得挖至设计标高以下，如不能准确地挖至设计基底标高时，可在设计标高以上暂留一层土不挖，以便在抄平后，由人工挖出。

图 3.66　机械开挖

（4）人工修挖：机械施工挖不到的土方，应配合人工随时进行挖掘，并用手推车把土运到机械能挖到的地方，以便及时用机械挖走。抄出水平线，钉上小木橛，然后用人工将暂留土层挖走，水泥搅拌桩头要沿桩开挖，不得破坏，开挖到基底高程，根据截桩高程要求对水泥搅拌桩进行截桩，桩顶修平。同时由轴线（中心线）引桩拉通线（用小线或铅丝），检查距槽边尺寸，确定槽宽标准，以此修整槽边。最后清除槽底土方。

图 3.67　人工开挖

雨季和冬期施工：土石方开挖一般不宜在雨季进行；如确有需要，工作面不宜过大，应逐段、逐片分期完成。

4）质量、安全控制措施

（1）按图纸要求仔细放样，土石方开挖后的坡度要符合设计要求，避免因边坡过陡而造成塌陷。为保证边坡质量，反铲要紧靠坡线开挖，以确保边坡平整度，并尽量避免欠挖与超挖。

（2）开挖并完成清理后，应及时恢复桩号、坐标、高程等，并做出醒目的标志。

（3）雨天应在开挖边坡顶设置截水沟，开挖区内设置排水沟和集水井，及时做好排水工作，以防基坑积水。

（4）开挖过程中，应始终保持设计边坡线逐层开挖，避免开挖过程中因临时边坡过陡造成塌方，同时加强边坡稳定性观察。

（5）开挖边坡顶严禁堆置重物，避免塌方。

5）土石方开挖的施工特点

（1）工程量大

（2）投资大

（3）影响面广

（4）施工条件复杂

4. 土石方开挖的施工安全注意要点

（1）挖掘机挖土作业时，其最大开挖高度和深度不应超过机械本身性能规定。满载的铲斗在举高、升出并回转时，机械将产生振动，重心也将随之变化，因此挖掘机要保持水平位移，履带要与地面楔紧，以保持各种工况下的稳定性。

（2）机身未停稳时挖土，或铲斗未离开作业面回转，都会造成斗臂侧向受力而扭坏；机械回转时采用反转来制动，会因惯性造成的冲击力而使转向机构受损。作业时，应待机身停稳后再挖土，当铲斗未离开作业面时，不得作回转、行走等动作。回转制动时应使用回转制动器，不得用转向离合器反转制动。

（3）作业后，挖掘机不得停放在高边坡附近和填方区，应停放在坚实、平坦、安全的地带，将铲斗收回平放在地面上，所有操纵杆置于中位，关闭操纵室。

（4）加强监测沉降和位移、开裂等情况，发现问题应与设计或建设单位协商采取防护措施，并及时处理。

（5）深基坑四周应设防护栏杆，人员上下要有专用爬梯。

（6）用挖土机施工时，挖土机的工作范围内，不得有人进行其他工作；多台机械开挖，挖土机间距要大于10米；挖土要自上而下逐层进行，严禁先挖坡脚等危险作业。

（7）土石方开挖宜从上到下分层分段进行，并随时做成一定的坡势以利泄水，且不应在影响边坡稳定的范围内积水。

（8）土石方开挖过程中，要加强巡视，注意土壁或支护体系的变异情况，如发现坡体有裂纹或局部塌落现象，要及时支撑或改缓放坡，如发现支护结构有渗水、流沙、流泥现象，要及时采取措施补强。

5. 土石方开挖要点及事故案例

风险因素①：施工前必须根据建设单位提供的地下管线资料进行勘察，摸清地下设施的走向及深度等情况，防止挖断地下管线等设施，严禁盲目开挖。

图 3.68　地下管线探查

事故案例：2010 年 3 月，某区开挖土石方施工中，挖掘机司机对地埋管线路不清楚，致使一段管道损伤，裂口长度 32 厘米。

风险因素②：监控量测、测量记录、沉降观测要连续，每日应进行沉降观测，沉降异常时应有相应的措施，严禁在无监控量测情况下进行开挖。

图 3.69　沉降观测

事故案例：2010 年 1 月，某市基坑土石方开挖事故引起路面开裂。

风险因素③：土石方开挖宜从上到下分层依次进行，严禁采用挖空底脚的作业方式。按土质和深度情况设置并根据规范要求周边安全围挡支护。

图 3.70　土石方分层开挖、围挡支护规范

事故案例：2009 年 3 月，某改造工程在无任何围挡与支护的情况下进行，一段 4 米高、3 米多宽的基坑边坡发生坍塌，1 名工

人被埋并最终遇难。

风险因素④：基坑边坡或支护应随时检查，发现问题立即采取措施消除隐患，确认安全可靠后方可下坑槽施工。

图 3.71　基坑边坡或支护检查

事故案例：2011 年 9 月，某市建筑土方基坑开挖时，坑壁无支护导致土方滑坡，造成 1 人死亡、2 人重伤。

风险因素⑤：基坑挖深至 2 米后周围应临时设 1.2 米高防护栏杆和醒目标志，夜间必须有照明设施及红灯示警。

图 3.72　基坑周围警示

事故案例：2005 年 9 月，现场一名工人手扶泵车出料管浇筑跨线桥挡土墙底板时，因泵车输送管触及南侧高 10 米左右的 10 千伏高压线，该名工人不慎触电，送医院抢救无效后死亡。

风险因素⑥：开挖后应及时做好排水工作，在影响边坡稳定的范围内不得有积水。

图 3.73　做好排水工作

事故案例：2006 年 4 月，某房建基坑南侧马路积水深达 1 米左右，大量雨水翻过挡水墙灌入基坑；雨水在涌流过程中将管口周边的土体掏空，基坑边墙形成宽约 8 米、长约 15 米的塌陷。

风险因素⑦：挖出的土石方应及时清运，在基坑周围堆放土石方或施工材料，应考虑土质情况，离基槽边距离超过 1 米，堆高不得超过 1.5 米，确保边坡稳定。

事故案例：2014 年 5 月，某区土石方开挖作业。由于现场土质不太好，沟槽边沿堆土过高过近，并且原混凝土路面破碎后还赶上一个伸缩缝处，两名作业工人在此清槽作业时土石方坍塌，一名工人下身被压住，该工人经抢救无效后死亡。

图 3.74　土方规范堆放

风险因素⑧：施工人员上下坑槽必须设有规范的专用通道。

图 3.75　设有上下专用通道

事故案例：2012 年 3 月，某房建施工过程中，搭设的上下基坑临时通道不符合要求，一名工人下楼梯时鞋底打滑，从楼梯顶部一直摔到底部，造成胳膊和腿部骨折，头部受重伤。

风险因素⑨：挖掘机必须等汽车停稳后方可向车上卸土，铲斗严禁从驾驶室上回旋而过，自卸车严禁违规操作。

事故案例：2005 年 3 月，某项目一挖掘机司机驾驶机械上坡，行驶途中发现上坡不能完成，随即在坡上转弯，结果挖掘机当即倾翻，车身部分严重变形，司机头部重伤。

风险因素⑩：土方运输车辆应保持车容整洁，土方不应装太满，防止发生溢漏污染路面，若发生溢漏应立即派人员进行清扫、冲洗，禁止违规操作、闯红灯及超速行驶。

事故案例：4 月 17 日，某市发生了一起重大交通事故，一辆泥头车撞到一辆三轮摩托车。事发后，交警和救护人员立即赶到现场，摩托车车主腿部撕伤严重，场面血腥。

八、隧道矿山法

扫码学习

1. 定义

隧道矿山法是一种传统的施工方法，即用开挖地下坑道的作业方式修建隧道。它的基本原理是，隧道开挖后受爆破影响，岩体破裂呈松弛状态，基于松弛荷载理论，其施工方法是按分部顺序采取分割式一块一块地开挖，并要求边挖边撑以求安全，支撑复杂，木料耗用多。

图 3.76　隧道矿山法

2. 施工风险因素

风险因素①：隧道坍塌

（1）施工方法选择不当，与地质条件不相适应，地质条件变化时没有及时改变施工方法。

（2）仰拱、二衬施作滞后，安全距离超标问题突出；项目和工点存在仰拱、二衬距掌子面距离超标现象。

（3）工序间距安排不合理，初期支护没有及时成环，地层暴露时间过久，形变压力转化为松散压力，引起围岩松动、风化，导致塌方发生。

（4）未按设计要求进行初期支护，喷射混凝土厚度、质量不符合要求，钢架间距过大，节段连接不规范，部分隧道未根据监控量测结果而将钢拱架通过变更取消，部分隧道私自取消超前小导管或施作小导管但不注浆，导致支护结构不足以阻止围岩变形，引发结构破坏和塌方。

图 3.77　隧道存在坍塌风险，支护必须稳固可靠

应对措施：

（1）隧道施工必须按要求制定监控量测方案或实施细则，对围岩和初期支护进行监控量测，并对量测数据及时进行分析判断，反馈信息以指导施工。出现地质异常变化、设计变更、工法改变等情况时，要重新进行交底。

（2）隧道施工必须按照设计要求和批复的施工组织设计进行超前地质预报，并将其作为指导施工的依据。对于软弱围岩隧道，应严格按照设计、规范要求施工，严格执行施工步距红线卡控要求，编制专项施工方案，经论证、审批后实施。

（3）掌子面开挖后，应及时对围岩进行地质素描和分析。对围岩等级进行判别和核对，发现地质情况与设计不符时，及时提请设计变更。隧道开挖、初喷等作业时，应严格限制作业人员数量（9人以下或2人以上）。

（4）初期支护施做要及时、规范，喷射混凝土厚度、质量、钢架间距等方面严格把控，节段连接规范，依据监控量测方案内容开展监控量测，管理人员须及时对隧道各洞口的监控量测数据进行具体分析和处理。

事故案例：某在建隧道发生一起塌方事故，6名施工人员被埋。截至当日20时30分，某市有关方面仍在组织抢救。在坍塌事故过去50多个小时后，6名施工人员仍生死不明。

风险因素②：落石、落物伤人

（1）未佩戴安全帽和其他防护用具上岗作业。

（2）爆破后未对工作面进行检查和确认，容易松动、掉落的钢筋骨架爆破后未检查和加固。

图3.78　防止落物、落石伤人

（3）爆破后，对掌子面围岩未进行查看，未关注爆破后地质情况。

（4）大跨度悬空结构钢筋连接骨架没有严格按方案和技术交底对主筋和箍筋进行绑扎连接，随意减少和弱化连接措施，支撑体系不稳定。

（5）施工人员在高处作业时，作业工具掉落砸伤人员。

应对措施：

（1）按规定佩戴安全帽和其他防护用品，作业时思想要集中。

（2）大跨度悬空结构钢筋连接骨架要严格按方案和技术交底对主筋和箍筋进行绑扎连接，不得减少和弱化连接措施，保障形成独立稳定支撑体系。

（3）爆破后，对掌子面围岩进行查看，核实是否与设计地质相符，并进行记录，如发现有裂隙及时采取防护措施。严格控制爆破。加强爆破后的“找顶”，对拱、墙部位的“找顶”不得有遗漏，排除松动危石，检查和确认工作面安全状况。

（4）大跨度悬空结构钢筋连接骨架严格按方案和技术交底对主筋和箍筋进行绑扎连接，连接措施稳固，支撑体系稳定。

（5）高处作业人员须时刻注意底下人员的情况，作业工具不随意放置，防止发生意外事故。

事故案例：2014 年 12 月，某地铁暗挖区间现场，值班人员在巡检中发现停工的二衬钢筋出现倾斜。在现场进行加固时，钢筋发生倾覆倒塌，造成 4 人死亡。

风险因素③：人员高处坠落

（1）未按规定佩戴安全帽和安全带等防护用品。

（2）隧道衬砌台车、防水板台架、开挖台架组装、施工、维修等，现场作业人员在施工过程中由于受现场管理水平、工艺水平、设备、工具材料缺陷和人的不安全行为等主客观因素影响，均不同程度存在人员高处坠落等重大安全风险。

（3）作业时注意力不集中。行走或移动不小心，走动时踩空、脚底打滑或被绊倒，跌倒。

（4）隧道内照明不足，走动时踩空导致高处坠落。

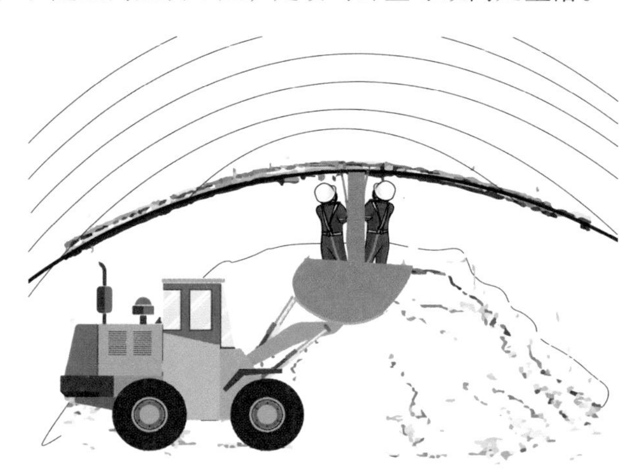

图 3.79　防止高空坠落

应对措施：

（1）施工人员持证上岗，按规定佩戴安全帽和其他防护用品。

（2）龙门吊、衬砌台车、开挖台架、防水板台架组装、维修、施工过程中，操作人员应当加强个人高处作业安全防护措施，减少作业风险。

（3）台车台架应及时设置安全临边防护设施，上下通道不可存在缺口；台车台架等铺设木板、钢筋网片须齐全，不可存在漏洞；未经批准不可擅自拆除防护设施，消除坠落隐患。

（4）现场照明须良好，文明施工须做到位。

事故案例：一名工人作业时掉入一口 9 米深的隧道中，所幸及时被消防人员救出，工人虽身体多处受伤，但无生命危险。

风险因素④：机械伤害

（1）机械作业时作业人员未穿戴安全防护用具。

（2）搅拌机、切割机等危险性较大的机械在通电情况下进行维修。

（3）起重机械没有按规定的起重性能作业，出现超载和起吊不明重量物件的现象。

（4）由于疏忽大意，手或身体其他部位进入机械运转部位。

（5）机械产生的噪声麻痹操作者的知觉和听觉，使其不易判断情况或判断错误。

（6）龙门吊作业过程中，门吊下方有人员作业或行走。

（7）作业前未检查。空车运转，检查搅拌筒或搅拌叶的转动方向，各工作装置的操作、制动未确认正常。作业机械未按时进行检查维修。

（8）运料与运转作业做法错误。进料时将头或手伸入料斗机机架之间察看或擦拭，运料中用手或工具等伸入搅拌筒内扒料出料。

图 3.80 机械伤害的风险

应对措施：

（1）机械作业时施工人员持证上岗，按规定佩戴安全帽和其他防护用品。

（2）搅拌机、切割机等危险性较大的机械必须在断电情况下进行维修。

（3）不得超载超重。起重机械必须按规定的起重性能作业，不得超载和起吊重量不明的物件。

（4）机械作业人员作业时须清醒，不得让手或身体其他部位进入机械运转部位。

（5）电钻工、钢筋切割工等作业时噪声较大，须在耳朵上塞入棉花或戴上耳塞，保护耳膜，保持作业时头脑清醒。

（6）龙门吊作业过程中，门吊下方不得有人员作业或行走。如果出现此类情况将对作业人员进行批评教育，对情节严重的处以罚款警告。

（7）作业前须检查。空车运转，检查搅拌筒或搅拌叶的转动方向，各工作装置的操作、制动确认正常方可进行作业。作业机械按时进行检查维修。

（8）运料与运转作业时要保护好自身安全。进料时，不可将头或手伸入料斗机机架之间察看或擦拭，不可在运料中用手或工具等伸入搅拌筒内扒料出料。

事故案例：某隧道施工现场发生一起机械伤害事故，造成1人死亡。其过程为：隧道施工队仰拱作业班梁某、王某某、王某等3名工人进入隧道左线距进口1080米处，进行仰拱混凝土浇筑作业。在掌子面施工的挖掘机司机李某准备下班时，欲驾驶挖掘机通过跨越仰拱长约15米的栈桥，将挖掘机停放到隧道内二衬位置，此时李某发现仰拱作业班王某正在栈桥上利用溜槽进行仰拱混凝土浇筑作业，同时混凝土运输罐车也停在栈桥上，无法通行。李某便将挖掘机开至栈桥上，未熄火等待通行，挖掘机位置距王某不足1米。时隔20分钟，挖掘机驾驶员李某发现混凝土运输罐车已离开栈桥，便驾驶挖掘机通过栈桥，将正在挖掘机右履带前方栈桥上蹲身挪动混凝土溜槽的王某压在了挖掘机履带下面，致其当场死亡。

风险因素⑤：触电伤人

（1）作业人员（主要是电工）违反有关规定、带电操作，从而造成触电伤害事故。

（2）大部分机械设备都是露天作业，容易造成电气设备的损坏，而且施工中许多用电都是临时用电，缺乏长期观念，对电线、电缆缺乏保护，也容易导致漏电。施工现场用电未采用“三相五线制”配备铁制电开关箱、做到“一机一闸一漏”。

（3）建筑施工中由于计划措施不周密、安全管理不到位，造成意外触电伤害事故。例如：挖掘机作业时损坏地下电缆，移动机具拉断电线、电缆，人员作业时碰破电闸箱，控制箱漏电或误触碰、触电等。

（4）施工现场临时用电，必须由持证的专业电工架设和管理，要符合安全用电技术规范要求，不使用破皮电线，不乱拉乱接，不准使用铜丝代替保险丝，不得“带病”运转和超负荷作业。

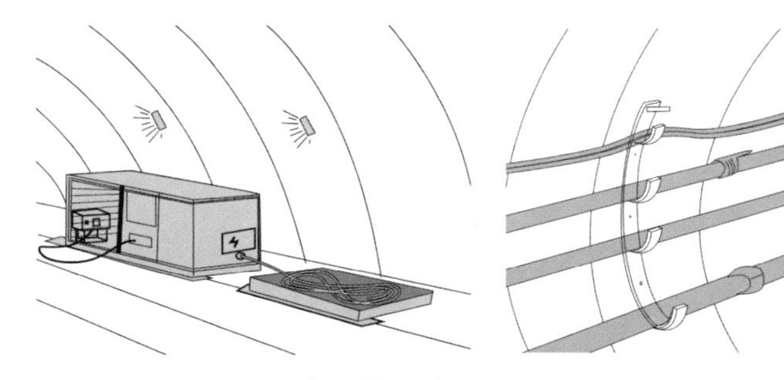

图 3.81　电力设备安装规范　　　图 3.82　电缆固定规范

应对措施：

（1）不得违反操作规程。《建筑工人安全技术操作规程》规定，线路上禁止带负荷接电和断电，禁止带电操作。

（2）机械设备和电动设备做好维修保养，安全管理检查措施到位。机械设备做好防水保护。施工现场用电必须采用“三相五线制”配备铁制电开关箱、“一机一闸一漏”。

（3）建筑施工计划必须周密，加强安全管理。

（4）施工现场临时用电，必须由持证的专业电工架设和管理，要符合安全用电技术规范要求，不使用破皮电线，不乱拉乱接，不使用铜丝代替保险丝。不准“带病”运转和超负荷作业。

事故案例：某隧道施工过程中发生大量涌水。由于隧道反坡施工，水流不能自然流出，形成大量积水。至事故发生时隧道涌水淹没隧道长达200余米，平均水深1.5米，隧道内湿度增大，挂于隧道一侧动力线绝缘层带电，电工在水中检查线路时发生触电后，倒入水中淹溺而亡。

风险因素⑥：隧道爆破

（1）爆破作业不当，部分隧道未做爆破设计或未按爆破设计实施爆破，普遍存在“布眼数量少、雷管段数少、起爆药量大”的问题，对地层扰动过大，导致围岩失稳。

（2）爆破人员无证上岗。

（3）爆破人员作业时，未按照安全操作规程进行。

图3.83　爆破伤害风险

（4）边钻眼边装药，导致意外事故。

应对措施：

（1）严格要求爆破作业。隧道爆破设计严格按方案实施。

（2）爆破作业属于特种作业，从事爆破作业的人员，必须是通过国家安全部门专门培训、取得合格上岗证的人员，禁止无证作业。加大施工人员安全技术培训力度，提高施工人员专业技术水平和岗位操作技能；凡从事爆破作业人员，都须经过培训考核并取得有关部门颁发的相应类别和作业范围、级别的安全作业证，持证上岗并严格履行各自的职责。

（3）爆破员必须按照安全操作规程作业。爆破员禁止酒后作业、疲劳作业。爆破员严禁不听指挥、冒险作业、违规作业。凿炮眼时，坡面上的浮岩危石应予以处理。严禁在残眼上打孔。

（4）不能边钻眼边装药。

事故案例：某在建隧道发生爆炸事故，最终死亡 8 人、受伤 5 人。经查，施工单位违法销毁爆炸物品是事故发生的直接原因。事发前，该工程处于收尾阶段，但地面炸药库内还有 14000 米导爆索、4000 米导爆管等剩余爆炸物品。

风险因素⑦：有害气体（瓦斯爆炸）

（1）通风管理不善，瓦斯浓度经常超限。

（2）隧道内通风不畅，通风设备损坏或停止作业。

（3）隧道内作业人员流动吸烟。

（4）高瓦斯工区和瓦斯突出工区电气设备与作业机械未使用防爆型。

（5）检测设备不足、监测频率不符合相关规范要求。

应对措施：

（1）进入隧道施工前，应检测开挖面及附近 20 米范围内、断面变化处、导坑上部、衬砌与未衬砌交界处上部、衬砌台车内

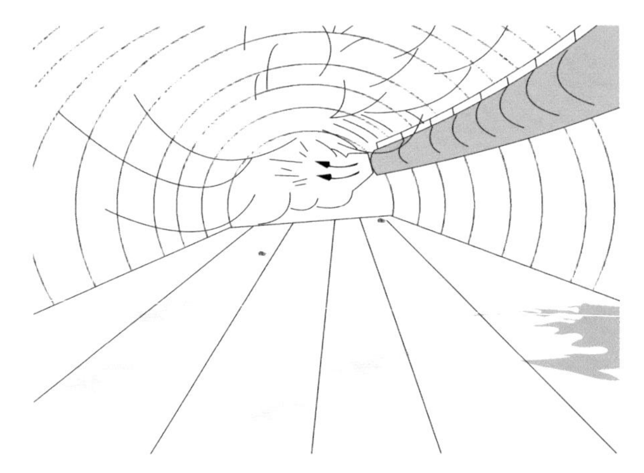

图 3.84　有害气体伤害风险，需做好通风

部、拱部塌穴等易积聚瓦斯部位，机电设备及开关附近 20 米范围内、岩石裂隙、溶洞、采空区、通风不良地段等部位的瓦斯浓度。

（2）通风设施应保持良好状态，并配置一套备用通风装置，防止隧道内出现通风不畅问题，各工作面应独立通风。严禁两个作业面之间串联通风，隧道贯通后应继续通风。

（3）隧道洞口内严禁明火，隧道内作业严禁产生高温和火花。

（4）高瓦斯工区和瓦斯突出工区电气设备与作业机械必须使用防爆型。应采用湿式钻孔开挖，装药前、放炮前和放炮后，爆破工、班组长和瓦斯检测员应现场检查瓦斯浓度并全程参加爆破过程。

（5）监测设备必须配备齐全，严格按要求对洞内瓦斯、有害气体进行监测，并每天记录。

事故案例：2005 年 12 月，某隧道项目有 40 多人进入隧道，洞外人员突然听到从右洞传来巨大爆炸声。此次事故共造成 44 人死亡（其中洞内死亡 34 人，洞外死亡 10 人）、11 人受伤。大量施工设备损坏。

风险因素⑧：流沙、流泥伤人

（1）地表水处理不当，预见能力差，在张性断层、向斜构造带、浅埋偏压等软弱围岩富水区及降雨量大的季节，围岩遇水易软化、崩解，承载力下降，但预防措施不及时、不到位，结构未得到及时、有效加强，导致失稳、坍塌。

（2）施工单位不重视防水工程质量，违规施工、野蛮施工问题大量存在，隧道已明显产生渗漏水现象。如防水材料进场检验把关不严，进场的部分防水材料质量不合格；防水板挂设基面严重凹凸不平，平整度不满足要求，张挂不采用热熔垫圈焊接，后续施工导致防水板损坏；止水带定位偏差大、规格选用错误、接头未有效连接；纵环向排水盲管定位随意、泄水孔堵塞或反坡等。

（3）软弱、破碎或浅埋、偏压等地段仰拱和二次衬砌明显滞后。

图 3.85　流沙、流泥伤人

应对措施：

（1）作业时应严格按规范和技术交底中明确的隧道不同围岩的开挖步距、初支封闭成环、锁脚锚杆（管）、仰拱一次施作长度和质量等规定和卡控红线施工，地表水处理必须及时，采用“防、截、排、堵”的方法严格控制。

（2）施工前对作业人员进行安全技术交底，应包括对不良地质条件、恶劣天气下的施工防范措施。对持续降雨及渗水量、地质等影响围岩稳定的因素作出及时辨识和预判，及时加强围岩变形量测和监控，采取相应加固、撤离等措施，严禁冒险作业。

（3）在软弱围岩施工中要按照规范、设计、施工方案等规定的顺序进行支护，应及时进行初支封闭成环，二次衬砌必须及时。

事故案例：某铁路隧道突水突泥流沙突出灾害救援情况。在此次灾害中，首名被救出的被困人员已确认死亡，但其余 8 名被困人员仍情况不明。

风险因素⑨：火灾风险

（1）割除的灼热钢筋头掉落在软式透水盲沟上，引起燃烧，继而引燃防水板、脚手板等其他可燃物。没有注意下方有软式透水盲沟等可燃物。对于散落在地面的防水材料，未作出适当处理，并且下方无人监护。

（2）（电）气焊作业人员违规作业，未执行相关的安全交底、技术交底。

（3）透水盲沟、防水板等材料燃烧产生有毒有害气体，格栅钢架等物品阻碍道路。

（4）应急、自救的培训工作流于形式，员工对事故发生后的逃生、抢险、救助知识运用不够熟练，同时现场避险、逃生设施不完备，可能扩大事故的危害程度。

（5）工人作业未开具动火作业证，动火作业无监护人员在岗盯控，现场的灭火器材失效或损坏。

应对措施：

（1）在电气焊作业区域必须对防水板进行有效隔离，焊渣落点下方易燃物及时清理，防水板与外部热源必须进行隔离保护，对电加热焊接设备妥善放置，现场必须有管理人员监管。

（2）（电）气焊作业人员上岗作业必须接受相关的安全交底、技术交底。

（3）现场防水板等易燃物品及时运出隧道，现场杂物须及时清理，不可阻碍现场通行。

（4）按要求定期开展安全演练，现场逃生设备必须完备。

（5）技术交底中明确动火作业的措施，必须开具动火作业证，确保动火点周边无易燃物。动火作业必须有监护人员在岗盯控并配置合格有效的灭火器材。

图 3.86　隧道火灾风险

事故案例： 由某单位承建施工的隧道，在台架进行钢筋绑扎、防水板铺设作业中发生火灾事故，造成 4 人死亡。

扫码学习

九、盾构施工

1. 垂直运输风险

风险因素：垂直运输过程中存在高空坠物伤人风险。

应对措施：在现场垂直运输过程中，严禁车辆以及行人路过吊装区域，并拉设警戒吊装区域，确保起重吊装安全。

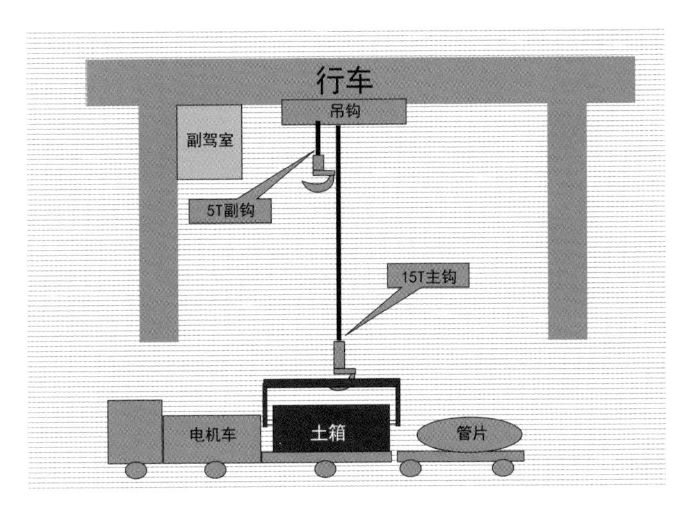

图 3.87　垂直运输风险

事故案例：2005 年 1 月，某工程井下施工班组开始做推进前的准备工作。当时行车司机于某，将 32 吨行车副钩降到井下，指挥工将管片停放在井底车站右边钢板上。约等了数分钟后，指挥工指挥行车将小钩提升。在副钩提升的过程中，行车大车向后侧移动约 2 米，行车的小车部位突然发出异响，指挥工立即停止操作，此时行车钢丝绳断裂，整个主钩带着土箱扁担坠落，砸在井底车场上，幸未造成严重后果。

2. 水平运输风险

风险因素：盾构电瓶车在水平运输中易造成人员伤亡。

应对措施：盾构隧道电瓶车在行驶过程中，时速严禁超过 5 千米 / 小时，在行驶过程中需及时鸣笛警示，且行人需走在人行走道板上，严禁走上电瓶车轨道。

事故案例：2014 年 3 月，某地铁项目区间隧道，某市政工程队对某车辆段进行正常的清理施工。至 21 时许，由于要清理车辆段轨道下的污泥，电瓶车司机把电瓶车前的拌浆车和电瓶车车后的二节平板车连接后，拖拉出车辆段。在启动电瓶车时，司机未打铃警示，车辆慢行 4 米后，突然听见人员叫喊，电瓶车司机立即刹车，下车后，发现在电瓶车左侧的民工方某已倒在轨道与混凝土结构墙夹墙的地上。事故发生后，事故单位立即将伤员送往医院救护。

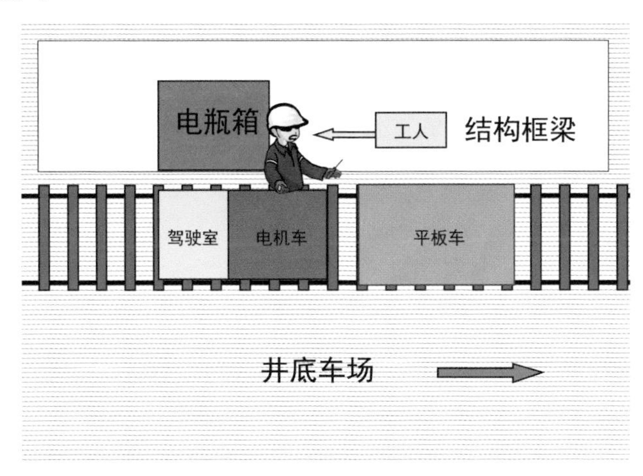

图 3.88　水平运输风险

3. 管片拼装风险

风险因素：（1）物体打击；（2）起重伤害；（3）人员伤亡。

应对措施：

（1）管片安装机安装声光警示器。

（2）严格检查和检测抓头及套管质量。

（3）对危险部位进行屏蔽。

（4）设置管片拼装机连锁保护装置。

图 3.89　管片拼装风险

事故案例：某施工项目施工到第 107 环，已拼装完成 B1、B2、B3 块，在准备拼装 L1 块时，L1 块管片吊至拼装机垂直底下位置，拼装机旋转至管片位置，将管片连接固定后，准备旋转。将管片送上拼装位置时，罗某从左侧扶梯由中层平台下到底层关好渣浆泵阀门，再由右侧准备爬回中层平台，期间不小心将脚伸进了拼装机旋转隔板内，在旋转至拼装机齿轮箱位置时，罗某也没有将脚缩回，结果被卡在齿轮箱与隔板之间，造成左脚板前半部受伤。

4. 盾构开仓换刀风险

风险因素：开仓换刀有造成人员伤亡等风险。

应对措施：

（1）根据地质情况和刀具可能磨损的程度布设开仓检查、换刀点。

（2）在实际掘进施工过程中按照计划实施开仓检查，特殊检查点需要超前加固或在地面加固时按计划执行。

（3）严格控制工器具质量、数量。

（4）开仓前在土仓后端管阀口进行检查、检测，通风换气。

图 3.90 盾构开仓换刀风险

事故案例：2014 年 10 月，某地铁项目通道加固区，工人进入盾构端部的土压舱进行换刀作业。21 时 57 分，盾构土压舱发生土体坍塌事故，事故造成 1 人死亡、2 人失踪。

5. 盾构施工引起地面沉陷风险

风险因素：建（构）筑物倾斜、开裂等变形会影响使用功能，严重的变形会造成建（构）筑物坍塌等破坏，使人员受伤害、财产遭损失。

应对措施：

（1）预先对地铁沿线影响范围内的建（构）筑物作详细调查。

（2）设计根据调查情况及地质条件作出保护方案。

（3）施工单位认真编制有针对性的、技术可行的详细施工方案并严格按方案实施。

（4）选择适宜的掘进模式、掘进参数、注浆参数，加强施工过程控制管理。

（5）加强监测，及时反馈监测信息以指导施工。

（6）监理部对以上各方面工作作认真的审查、监督、检查。

事故案例：某桥底西侧300米处出现路陷。截至第二天上午10时许，该事故造成8人死亡、3人失联。

原因分析：主要是地铁一期工程某盾构区间右线工地当日晚7点突发透水，作业工人尝试堵漏未果，至当晚8时40分左右，现场透水面积扩大，隧道管片变形及破损，引发地面坍塌。

十、深基坑

扫码学习

1. 深基坑的定义及种类

1）深基坑的定义

（1）基坑工程主要包括基坑支护体系设计与施工和土方开挖，是一个综合性很强的系统工程，要求岩土工程和结构工程技术人员密切配合。其中基坑支护体系是临时结构，在地下工程施工完成后就不再需要。

（2）基坑和基槽只是平面形状不同而已。基坑是方形或者比较接近方形，基槽是长条形的，而且有时候比较长。

2）深基坑的种类

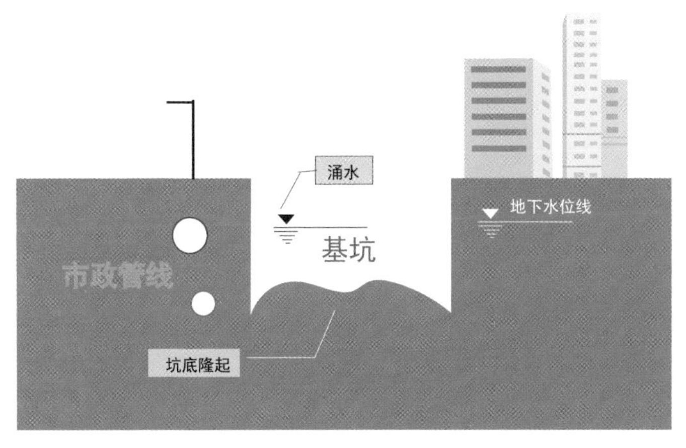

图 3.91　深基坑

一级基坑

（1）重要工程或支护结构做主体结构的一部分；

（2）开挖深度大于 10 米；

（3）与邻近建筑物、重要设施的距离在开挖深度以内；

（4）基坑范围内有历史文物、近代优秀建筑、重要管线等需严加保护的基坑。

二级基坑：除一级和三级外的基坑。

三级基坑：开挖深度小于 7 米，且周围环境无特别要求的基坑。

2. 深基坑的施工方法及特点

1）深基坑的施工方法

（1）土方开挖宜从上到下分层分段依次进行。随时做成一定坡势，以利泄水。

（2）在开挖过程中，应随时检查槽壁和边坡的状态。深度大于 1.5 米时，应根据土质变化情况，做好基坑（槽）或管沟的支撑准备，以防坍陷。

（3）开挖基坑（槽）和管沟，不得挖至设计标高以下。如不能准确地挖至设计基底标高，可在设计标高以上暂留一层土不挖，以便在抄平后由人工挖出。暂留土层：一般用铲运机、推土机挖土时，为 20 厘米左右；挖土机用反铲、正铲和拉铲挖土时，以 30 厘米左右为宜。

（4）机械施工挖不到的土方，应配合人工随时进行挖掘，并用手推车把土运到机械能挖到的地方，以便及时用机械挖走。

（5）修帮和清底。在距槽底设计标高 50 厘米槽帮处，抄出水平线，钉上小木橛，然后用人工将暂留土层挖走。同时由两端轴线（中心线）引桩拉通线（用小线或铅丝），检查距槽边尺寸，确定槽宽标准，以此修整槽边。最后清除槽底土方。

（6）槽底修理铲平后，进行质量检查验收。

2）深基坑的特点

（1）基坑支护体系是临时结构，安全储备较小，具有较大的风险性。

（2）基坑工程具有很强的区域性。

（3）基坑工程具有很强的个性。对基坑工程进行分类、对支护结构允许变形规定统一标准比较困难。

（4）基坑工程综合性强。基坑工程不仅需要岩土工程知识，也需要结构工程知识，需要综合土力学理论、测试技术、计算技术及施工机械、施工技术。

（5）基坑工程具有较强的时空效应。基坑的深度和平面形状对基坑支护体系的稳定性和变形有较大影响。

（6）基坑工程是系统工程。基坑工程主要包括支护体系设计和土方开挖两部分。

（7）基坑工程具有环境效应。基坑开挖势必引起周围地基地下水位的变化和应力场的改变，导致周围地基土体的变形，对周围建（构）筑物和地下管线产生影响，严重的将危及其正常使用或安全。大量土方外运也将对交通和弃土点环境产生影响。

3. 深基坑安全注意要点

（1）基底情况，有无流沙、管涌。

（2）排水情况。

（3）支护情况、基坑变形、周边堆载。

（4）周边管线。

（5）挖土工作，挖土时要有坡道，坡道要注意防滑；办理相关渣土清运手续；外围马路的走向、清扫等。

（6）材料的垂直向下运输（钢管、钢筋、混凝土等），人员的工作通道。

（7）一般深基坑都有桩基，注意桩基检测的配合。

（8）材料准备，特别是深基坑的专用材料。如深基坑大多有厚底板，要有测温管、温度计等。

4. 深基坑安全风险

风险因素①：监控量测、测量记录、沉降观测要连续，每日应进行测量观测，沉降异常时应有相应的措施。

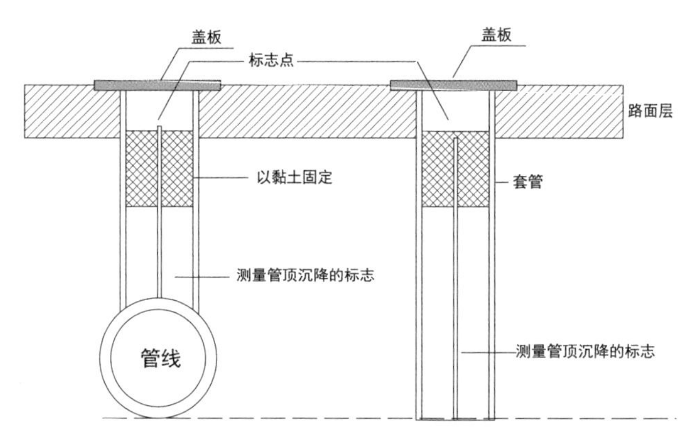

图 3.92 深基坑监测

风险因素②：深基坑临边防护必须按要求进行，具体临边防护要求按“三宝、四口、五临边”执行。开挖深度超过 2 米的基坑施工还必须在栏杆式防护的基础上加密目式安全网防护。

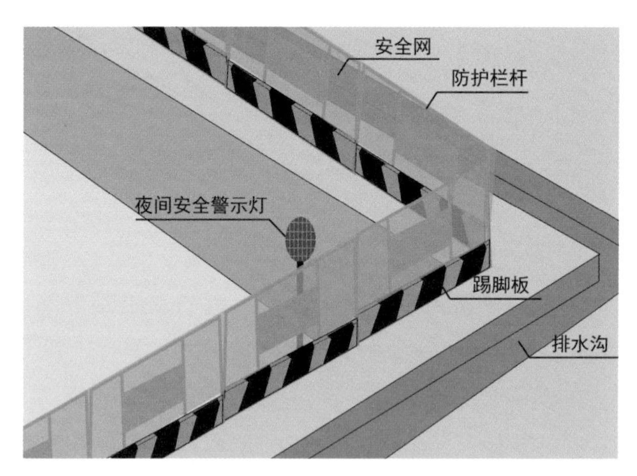

图 3.93 深基坑防护

风险因素③：深基坑防排水措施，有集水明排、降水、截水和回灌等形式（单独或组合使用），常用的地下水控制方法有明排水、井点降水、自流深井排水等。深基坑施工采用坑外降水的，必须有防止临近建筑物危险沉降的措施。

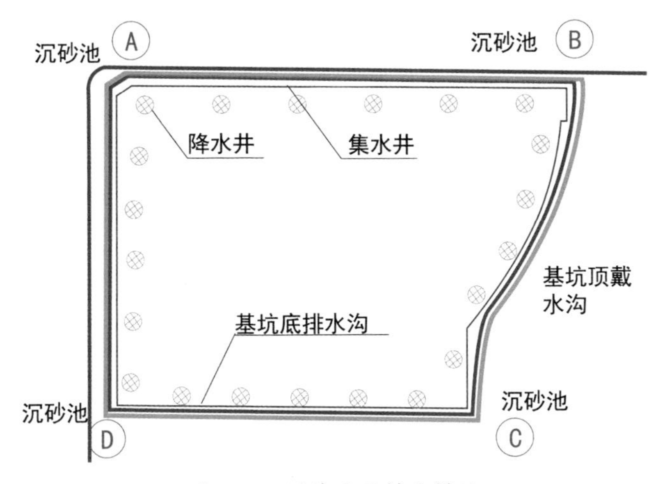

图 3.94　深基坑防排水措施

事故案例：2006 年某区开挖深基坑至一半时，突然下起暴雨，在无任何防水防雨措施的情况下，经雨水冲刷，基坑边缘路面坍塌。

风险因素④：基坑上下通道要满足要求。

（1）基坑内上下人员通道设置简易上下钢爬梯，立杆钢管打入土体不小于 600 毫米。

（2）脚踏板采用 1200 毫米 ×300 毫米 ×20 毫米木板，踏面设置两道 30 毫米 ×15 毫米防滑木条。

（3）钢管采用扣件连接。

（4）爬梯两侧应设置高度不小于 1200 毫米的钢管扶手栏杆，钢管刷黄黑相间油漆，两侧设置密目网，立杆间距 1500 毫米。

图 3.95　深基坑上下通道

事故案例：2009 年某市车站施工中，深基坑上下通道未按照规范要求搭设，导致一名作业人员下楼梯时脚下打滑，头部摔伤。

风险因素⑤：引起周围地表沉降的因素大体有：

（1）基坑围护墙体变形、失稳，周边土体滑动；

（2）基坑坑底回弹、隆起；

图 3.96　深基坑流沙、坍塌

（3）坑边堆载过大，导致基坑变形。

事故案例：2008 年 11 月，某市段地铁深基坑开挖施工现场发生塌陷事故。某大道长达 75 米的路面坍塌并下陷 15 米。行驶中的 11 辆车陷入深坑，数十名地铁施工人员被埋。

风险因素⑥：深基坑支护体系破坏表现为：

（1）立柱桩垂直度偏差大，拆除顶撑后，立柱桩长细比过大，导致立柱桩和支撑失稳。

（2）土方开挖：支撑剪断、基坑垮塌。

（3）抽水造成沙土损失、管涌流沙等。

风险因素⑦：机械设备因素造成基坑安全事故。

事故案例：2011 年 4 月，某工地一辆满载混凝土的搅拌车在工地一下坡路段倒车时，不慎翻入深 2 ～ 5 米的工地基坑，驾驶员在事故中不幸身亡。

参 考 文 献

[1] 建设工程项目管理规范 GB/T 50326—2006.
[2] 建筑施工安全检查标准 JGJ 59—2011.
[3] 建筑施工现场环境与卫生标准 JGJ 146—2013.
[4] 施工现场临时用电安全技术规范 JGJ 46—2012.
[5] 建设工程施工现场供用电安全规范 GB 50194—2014.
[6] 建筑机械使用安全技术规范 JGJ 33—2012.
[7] 建筑施工高处作业安全技术规范 JGJ 80—2011.
[8] 工程测量规范 GB 50026—2007.
[9] 建筑基坑支护技术规范 JGJ 120—2012.
[10] 建筑边坡工程技术规范 GB 50330—2013.
[11] 建筑桩基技术规范 JGJ 94—2008.
[12] 地下工程防水技术规范 GB 50108—2008.
[13] 混凝土结构工程施工规范 GB 50666—2011.
[14] 高层建筑混凝土结构技术规范 JGJ 3—2012.
[15] 砌体结构工程施工规范 GB 50924—2014.
[16] 屋面工程技术规范 GB 50345—2012.
[17] 住宅装饰装修工程施工规范 GB 50327—2001.
[18] 建筑施工土石方工程安全技术规范 JGJ 180—2009.
[19] 建筑施工模板安全技术规范 JGJ 162—2008.
[20] 建筑施工扣件式钢管脚手架安全技术规范 JGJ 130—2011.